Schwarze · Aufgabensammlung zur Statistik

W0076083

NWB-Studienbücher · Wirtschaftswissenschaften

Aufgabensammlung zur Statistik

Von Professor Dr. Jochen Schwarze

4. Auflage

Verlag Neue Wirtschafts-Briefe
Herne/Berlin

Die Deutsche Bibliothek – CIP-Einheitsaufnahme

Schwarze, Jochen:
Aufgabensammlung zur Statistik / von Jochen Schwarze. –
4. Aufl. – Herne ; Berlin : Verl. Neue Wirtschafts-Briefe, 2002
(NWB-Studienbücher Wirtschaftswissenschaften)
ISBN 3-482-43454-9

ISBN 3-482-**43454**-9 – 4. Auflage 2002

© Verlag Neue Wirtschafts-Briefe GmbH & Co., Herne/Berlin 1990

http://www.nwb.de

Druck: Druckerei Plump KG, Rheinbreitbach.

Vorwort

Statistik gehört heute an Universitäten und Fachhochschulen in vielen Studiengängen (z.b. Wirtschaftswissenschaften, Psychologie, Medizin, Biologie) zum Pflichtprogramm für Studierende. Viele Studierende werden dadurch in der ersten Phase ihres Studiums stark beansprucht, da sie beim Erlernen der statistischen Methoden mit mehr oder weniger großen Schwierigkeiten zu kämpfen haben. Das liegt u.a. daran, dass die statistischen Methoden ein Teilgebiet der Mathematik sind und der sichere Umgang mit der Statistik solides mathematisches Grundlagenwissen voraussetzt. Für ein den Studienanforderungen gerecht werdendes Grundlagenwissen in Statistik ist dabei weniger besondere mathematische Befähigung erforderlich, sondern in erster Linie die Bereitschaft, sich den Stoff durch intensives Üben anzueignen.

Diese Aufgabensammlung stellt dazu geeignetes Übungsmaterial bereit. Sie enthält 373 Aufgaben mit zum Teil detaillierten Lösungen, die das einschlägige Grundlagenwissen der Statistik abdecken. Gliederung und Stoffauswahl orientieren sich an dem zweibändigen, ebenfalls im NWB-Verlag erschienenen Lehrbuch „Grundlagen der Statistik". Die Aufgabensammlung kann aber auch unabhängig von diesen Büchern benutzt werden. Alle Aufgaben sind im praktischen Übungsbetrieb erprobt worden.

Für die vierte Auflage habe ich sämtliche Aufgaben und Lösungen erneut kritisch durchgesehen, revidiert und ergänzt.

Meine kleine Dackelhündin Nanna hat mir bei der Vorbereitung der Neuauflage durch penetrantes Einfordern von Spaziergängen, wobei sie von ihrem Rottweilerfreund Kiro laut unterstützt wurde, die nötige Entspannung verschafft.

Im Dezember 2001　　　　　　　　　　　　　　　　　　*Jochen Schwarze*

Hinweis

Beim Durcharbeiten der Aufgabensammlung ist zu beachten, dass aufgrund von Rundungsdifferenzen die bei der Bearbeitung der Aufgaben errechneten Ergebnisse von den im Lösungsteil angegebenen Werten geringfügig abweichen können.

Inhaltsverzeichnis

1 Grundbegriffe der beschreibenden Statistik

1.0.1 Geben Sie für folgende Fragestellungen statistische Einheiten und Massen an und grenzen Sie die Massen sachlich, räumlich und zeitlich ab.
a) Es soll das Wahlverhalten von Studenten der Universität Hannover für eine niedersächsische Landtagswahl untersucht werden.
b) Es soll die Qualität von aus Marokko angelieferten Orangen in einem Braunschweiger Großmarkt untersucht werden.
c) Es soll die Einstellung von Jugendlichen zur Bundeswehr vor Ableistung ihres Wehrdienstes untersucht werden.

1.0.2 Geben Sie zu den folgenden Massen an, ob es sich um Bestands- oder um Ereignismassen handelt. Geben Sie zu Bestandsmassen die korrespondierenden Ereignismassen an.
a) Todesfälle durch Lungenkrebs in Niedersachsen.
b) Geldumlaufmenge in der Bundesrepublik Deutschland.
c) Papierverbrauch in einer Druckerei.
d) Fahrradunfälle mit Beteiligung von Kindern unter 6 Jahren.
e) Besucher eines Bundesligafußballspiels.

1.0.3 Geben Sie für die folgenden Fragestellungen Merkmalsträger, Merkmal und Merkmalsausprägungen an:
a) Es soll die Todesursache von Rauchern ermittelt werden.
b) Bei einer Befragung von Studenten wird u.a. das Fachsemester erfragt.
c) Es soll der Alkoholgehalt einer Biersorte untersucht werden.

1.0.4 Welche der folgenden Merkmale sind diskret, welche stetig?
a) Füllmenge von Bierflaschen,
b) Anzahl der Orangen in einer Kiste,
c) Einkommen von Beamten in der Besoldungsgruppe A5,
d) Temperatur in einem Gefrierschrank,
e) Anzahl der weißen Hirsche im Harz,
f) Frequenz von Rundfunksendern (in kHz).

1.0.5   In einer laufenden Produktion von Autoreifen wird täglich eine Qualitätskontrolle auf Stichprobenbasis durchgeführt. Welche der folgenden Aussagen sind richtig?
a) Abriebfestigkeit ist ein diskretes, nicht häufbares Merkmal.
b) Die Produktionsmenge eines Tages ist eine Stichprobe.
c) Ein einzelner Reifen ist eine Merkmalsausprägung.
d) Profiltiefe ist ein stetiges, häufbares Merkmal.
e) Stollenanzahl ist ein Merkmalsträger.
f) Profilrillenanzahl ist ein diskretes Merkmal.
g) Reifentyp ist ein stetiges, nicht häufbares Merkmal.
h) Reifendurchmesser ist ein diskretes, häufbares Merkmal.
i) Reifenumfang ist ein stetiges, nicht häufbares Merkmal.
j) 40 geprüfte Reifen einer Tagesproduktion sind eine Stichprobe.
k) Alle nicht geprüften Reifen ergeben die Grundgesamtheit.

1.0.6   Geben Sie zu folgenden Merkmalen jeweils eine geeignete Messskala an.
a) Uhrzeit,
b) Blutalkoholgehalt,
c) Benzinverbrauch eines PKWs,
d) Mannschaftspositionen bei einem Fußballspiel,
e) Anzahl der Ostereier in einem Nest,
f) Hobby von Studenten,
g) Intelligenzquotient von Professoren,
h) Güte von Restaurants, gemessen durch 0,1,2 oder 3 „Sterne".

1.0.7   Die städtischen Verkehrsbetriebe wollen die Auslastung ihrer Straßenbahnen prüfen und legen, zur Erleichterung der Datenerfassung durch die Fahrer, folgendes fest:

Auslastung	leer	halb voll	voll	überfüllt
Anzahl der Fahrgäste	0 - 5	6 - 20	21 - 50	mehr als 50

Auf welcher Skala kann das Merkmal „Auslastung" gemessen werden?

1.0.8   Geben Sie an, ob folgende Skalentransformationen zulässig sind.
a) Bierkonsum von Studenten gemessen in ℓ/Tag,
   1) transformiert in Flaschen/Tag (Flaschen zu je 0,33 ℓ),
   2) transformiert in Kisten/Monat (Kisten mit 24 Flaschen zu je 0,33 ℓ)

b) Zensuren von Schülern transformiert in Ziffernbewertungen:
sehr gut $\to$ 1; gut $\to$ 2; befriedigend $\to$ 3; ausreichend $\to$ 4; mangelhaft $\to$ 5.

c) Zensuren sehr gut, befriedigend, ungenügend wie folgt:
sehr gut $\to$ gut; befriedigend $\to$ mittel; ungenügend $\to$ schlecht.

d) Familienstand:
1) ledig $\to$ A; zusammenlebend $\to$ B; verheiratet $\to$ C; geschieden $\to$ D;
verwitwet $\to$ E.

2) verheiratet, zusammenlebend $\to$ zusammenlebend;
ledig, geschieden, verwitwet $\to$ ledig.

3) ledig $\to$ 1; zusammenlebend $\to$ 2; verheiratet $\to$ 3;
geschieden $\to$ 4; verwitwet $\to$ 5.

1.0.9   Geben Sie zu den folgenden Merkmalen an, auf welcher Skala die Ausprägungen geordnet werden können und ob sie häufbar sind oder nicht.

a) Ursache von Verkehrsunfällen;   **b)** Güteklasse von Hotels;

c) Religionszugehörigkeit;   **d)** Sparguthaben von Studenten;

e) Körpergröße von Studenten;   **f)** Matrikel-Nr. von Studenten;

g) Wertungsnoten beim Eiskunstlauf; **h)** Kinderzahl von Personen;

i) Geburtsdatum;   **j)** Hobby von Studenten.

1.0.10   Geben Sie zu den folgenden Merkmalen die richtige Skala an:

a) Kontonummer;   **b)** Wasserverbrauch in ℓ/Einwohner;

c) Anzahl der Kunden einer Bank;   **d)** Güteklasse von Campingplätzen.

1.0.11   Für die angegebenen Merkmale wurde jeweils eine statistische Erhebung durchgeführt und festgestellt, wie oft jede Merkmalsausprägung aufgetreten ist. Man steht jetzt vor der Aufgabe, die jeweiligen Ergebnisse graphisch darzustellen. Geben Sie geeignete Möglichkeiten an.

a) Umsätze verschiedener Zeitschriften getrennt nach Bundesländern;

b) Zulassungszahlen von Kraftfahrzeugen nach Fabrikaten und Typen während eines bestimmten Zeitraums;

c) Heimatort von Studenten, zusammengefasst in Landkreise;

d) Zeitliche Entwicklung von Geburtenraten in Industrieländern und Entwicklungsländern;

e) Hörerzahlen der Vorlesung Statistik, wobei männliche und weibliche Studierende getrennt ausgewiesen werden sollen.

1.0.12   Ein Einzelhändler für Obst und Gemüse möchte den Gesamtumsatz und die Umsätze seiner einzelnen Produkte für die Jahre 1999 bis 2002 tabellarisch darstellen. Aus der Tabelle sollen die Umsätze für Äpfel, Birnen, Kohl, Salat und Pflaumen jeweils einzeln, die Umsätze für die beiden Produktgruppen Obst und Gemüse sowie der Gesamtumsatz ersichtlich sein. Entwerfen Sie eine dafür geeignete Tabelle.

1.0.13   Ein Baustoffhändler möchte die monatliche Absatzentwicklung von Dämmstoffen im abgelaufenen Geschäftsjahr (Januar bis Dezember) in einer Tabelle erfassen. Er verkauft auf Alufolie kaschierte Glaswolle in 3 Stärken (60, 70, 80 mm), auf Alufolie kaschierte Mineralwolle in 4 Stärken (60, 70, 80 und 100 mm) und Mineralwollmatten in 2 Stärken (50 und 100 mm). Entwerfen Sie eine Tabelle, aus der die monatlichen Umsätze bei den einzelnen Dämmstoffen, aufgegliedert nach Stärken, die jeweiligen Gesamtumsätze sowie die jeweiligen Jahresumsätze hervorgehen.

1.0.14   Gegeben ist folgende Häufigkeitstabelle:

x_j	10 bis unter 20	20 bis unter 30	30 bis unter 40	40 bis unter 50
$f(x_j)$	0,2	0,4	0,1	0,3

Zeichnen Sie Histogramm und Polygonzug für die Verteilung.

1.0.15   Zu welchen Merkmalen sind richtige Eigenschaften angegeben?
a) Hobby von Studenten: häufbar.
b) Monatlicher Stromverbrauch eines Haushalts: diskret, nicht häufbar.
c) Monatseinkommen von Studenten: stetig, nicht häufbar.
d) Anzahl der Räume von Wohnungen: diskret.

1.0.16   Wie unterscheiden sich Ordinalskala und Kardinalskala?

1.0.17   Was versteht man unter einem Histogramm?

2 Eindimensionale Häufigkeitsverteilungen

2.1 Darstellung

2.1.1   16 Studenten haben folgende Noten in einer Prüfung erzielt:
3, 1, 2, 2, 1, 4, 5, 4, 3, 5, 2, 5, 6, 2, 3, 2.
a) Bestimmen Sie die Häufigkeitsverteilung.
b) Stellen Sie die Häufigkeitsverteilung graphisch dar.
c) Bestimmen Sie die Summenhäufigkeitsverteilung.
d) Stellen Sie die Summenhäufigkeitsverteilung graphisch dar.

2.1.2   50 Studentinnen werden danach gefragt, wie oft sie in der vergangenen Woche ihren Freund besucht haben. Man erhält folgendes Ergebnis:
0, 1, 0, 5, 4, 3, 1, 7, 9, 3, 2, 1, 0, 4, 2, 6, 7, 5, 0, 1, 4, 1, 1, 3, 4, 8, 6, 2, 6, 1, 0, 0, 1, 4, 3, 1, 2, 6, 3, 5, 4, 7, 4, 2, 3, 1, 1, 5, 6, 3.
a) Bestimmen Sie die absoluten und die relativen Häufigkeiten.
b) Bestimmen Sie die absoluten und die relativen Summenhäufigkeiten.
c) Bestimmen Sie die absoluten und die relativen Resthäufigkeiten.
d) Zeichnen Sie die Häufigkeitsverteilung.
e) Zeichnen Sie die Summenhäufigkeitsverteilung.
f) Zeichnen Sie die Verteilung der Resthäufigkeiten.

2.1.3   Die Klausurergebnisse (in Punkten) von 20 Teilnehmern an einer Statistikklausur sind in der folgenden Liste festgehalten:
25, 74, 87, 43, 60, 72, 56, 36, 75, 49, 83, 52, 71, 67, 78, 50, 76, 64, 77, 69
a) Bestimmen Sie für die erzielten Punktzahlen die Häufigkeitsverteilung und die Summenhäufigkeitsverteilung mit den Klassen:
20-39, 40-59, 60-79, 80-99.
b) Stellen Sie die Häufigkeitsverteilung als Histogramm dar.
c) Stellen Sie die Summenhäufigkeitsverteilung graphisch dar.

2.1.4   Bei Fernsehgeräten eines bestimmten Herstellers wurden bei 1000 Geräten folgende Lebensdauern (in Jahren) der Bildröhren ermittelt:

Lebensdauer	bis 2	über 2 bis 4	über 4 bis 6	über 6 bis 8	über 8 bis 10
Anzahl Geräte	33	276	404	237	50

a) Stellen Sie die Häufigkeitsverteilung und die Summenhäufigkeitsverteilung (absolut und relativ) graphisch dar.
b) Wie groß ist der Anteil der Bildröhren mit einer Lebensdauer von 5 Jahren und mehr?
c) Welche Lebensdauer wird von 80% der Bildröhren mindestens erreicht?

2.1.5   Gegeben ist die folgende Summenhäufigkeitsverteilung eines diskreten Merkmals.

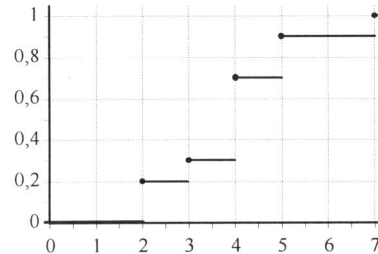

Bestimmen Sie:
a) $f(x=2)$;
b) $f(x=6)$;
c) $f(2<x<4)$;
d) $f(2\le x<4)$;
e) $f(2\le x\le 4)$;
f) $f(2<x\le 4)$;

g) $f(x>2)$;
h) $f(x<4)$;
i) $f(x\ge 2)$;
j) $f(x\le 4)$;
k) Geben Sie die Häufigkeitsverteilung an.

2.1.6   Für die Angestellten einer Bauunternehmung wurde folgende Summenhäufigkeitsverteilung der Einkommen ermittelt:

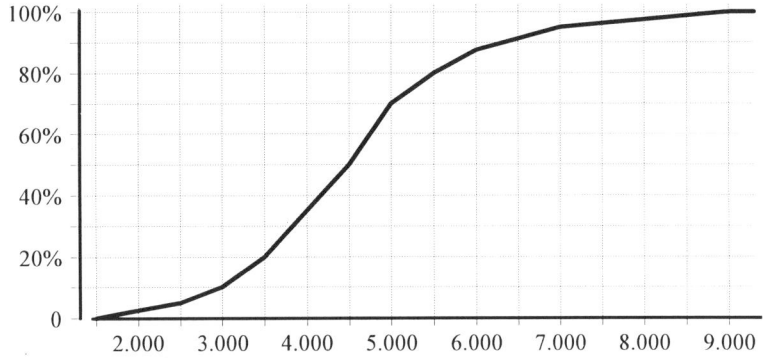

a) Wieviel Prozent der Mitarbeiter verdienen über EUR 3.500?
b) Unter welcher Grenze liegen die 10% der Mitarbeiter, die am wenigsten verdienen?
c) Bestimmen Sie den Zentralwert der Verteilung.

2.1.7 Eine statistische Erhebung zum Bruttolohn der Mitglieder einer Gewerkschaft hat folgende Summenhäufigkeitsverteilung geliefert, bei der Gleichverteilung der Löhne innerhalb der Lohnklassen unterstellt wird.

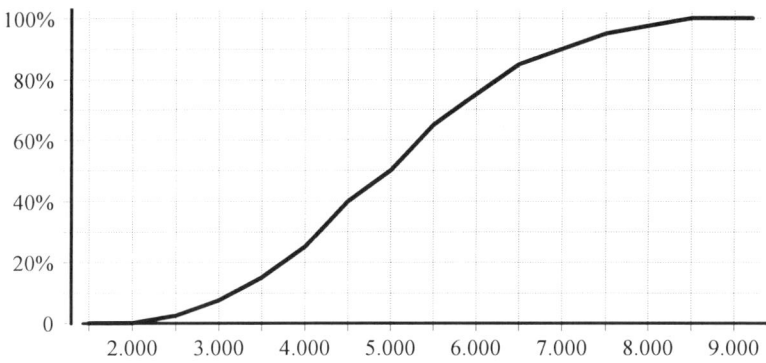

a) Bestimmen Sie den Zentralwert der Verteilung.

b) Wieviel Prozent der Gewerkschaftsmitglieder verdienen weniger als 4.000 EUR im Monat?

c) Welcher Anteil der Gewerkschaftsmitglieder erzielt ein Bruttoeinkommen von mehr als 6.250 EUR?

d) Welches Mindesteinkommen erzielt das Viertel der bestverdienenden Gewerkschaftsmitglieder?

2.1.8 Studenten wurden nach der Höhe der monatlichen Mietausgaben befragt. Es ergab sich die folgende Summenhäufigkeitsverteilung.

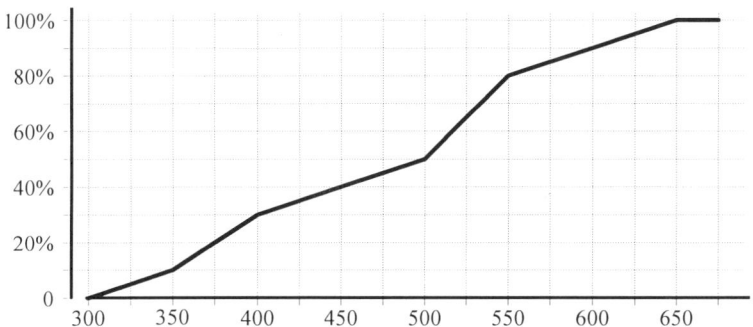

a) Wieviel Prozent der Befragten zahlt zwischen 350 und 450 EUR Miete?

b) Welche Miete wird von den 20% der Befragten mit den höchsten Mietausgaben mindestens gezahlt?

c) Bestimmen Sie den Zentralwert der Verteilung.

2.1.9 100 Briefträger haben für ein Jahr ihre Fahrleistungen mit dem Fahrrad ermittelt (Angaben in 100 km).

Fahrleistung	0 bis unter 4	4 bis unter 10	10 bis unter 18	18 bis unter 20
Häufigkeit	10%	50%	20%	20%

Stellen Sie die Summenhäufigkeitsverteilung graphisch dar.

2.1.10 Der Student Paul betreibt eine Hühnerfarm. Um die Legefreudigkeit seiner Hennen zu ermitteln, zeichnet er die relative Summenhäufigkeitsverteilung für die in einer Woche von den einzelnen Hühnern gelegten Eier. Welche Fehler hat er gemacht?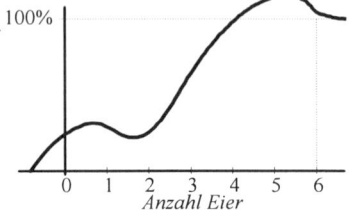

2.1.11 Gegeben ist folgende Häufigkeitsverteilung:

Klasse	10 bis unter 20	20 bis unter 30	30 bis unter 60	60 bis unter 80
Häufigkeit	30	30	30	30

a) Bestimmen Sie die Summenhäufigkeitsverteilung.
b) Stellen Sie die Häufigkeitsverteilung und die Summenhäufigkeitsverteilung graphisch dar.

2.1.12 Die nebenstehende Zeichnung gibt die Summenhäufigkeit eines Merkmals an.
Geben Sie die Häufigkeitsverteilung
a) tabellarisch,
b) graphisch an.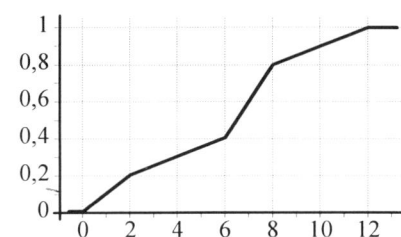

2.1.13 Gegeben sind folgende Beobachtungswerte eines diskreten Merkmals: 5, 3, 1, 3, 3, 2, 1, 5, 4, 1, 5, 4, 2, 4, 2, 1, 4, 5, 1, 2.
a) Geben Sie die Häufigkeitsverteilung für die absoluten und für die relativen Häufigkeiten an. Bestimmen Sie die Summenhäufigkeitsverteilung für die relativen Häufigkeiten.
b) Stellen Sie die Verteilung der relativen Häufigkeiten und der relativen Summenhäufigkeiten graphisch dar.

2.2 Lageparameter

2.2.1 Geben Sie zu folgenden Fragestellungen einen geeigneten Mittelwert an:

a) Aus Schulnoten verschiedener Fächer soll eine Durchschnittsnote berechnet werden.

b) Es ist das Durchschnittsgewicht von Klausurteilnehmern zu ermitteln.

c) Ein PKW fährt auf Teilstrecken einer Route verschiedene Geschwindigkeiten. Es soll die Durchschnittsgeschwindigkeit ermittelt werden.

d) An mehreren Probestücken wird die Zugfestigkeit von Baustahl gemessen. Gesucht ist die durchschnittliche Zugfestigkeit.

2.2.2 11 Studenten nehmen an einem Elfmeterschießen teil. Sie erzielen folgende Trefferzahlen bei 10 Schuss: 4, 6, 3, 1, 2, 8, 4, 5, 2, 0, 2.

Bestimmen Sie **a)** den Zentralwert; **b)** die Quartile; **c)** das arithmetische Mittel auf drei Nachkommastellen genau.

2.2.3 Bei einer Untersuchung über den täglichen Wasserverbrauch (in ℓ pro Tag) von privaten Haushalten in einer Großstadt ergab sich folgende Häufigkeitsverteilung:

Wasserverbrauch	0 bis 200	über 200 bis 400	über 400 bis 600	über 600 bis 1000
rel. Häufigkeit	0,2	0,5	0,2	0,1

a) Bestimmen Sie den Zentralwert.
b) Berechnen Sie das arithmetische Mittel.

2.2.4 Die Produktion an Kartoffeln hat sich in einer Region in den Jahren 1999 bis 2002 wie folgt gegenüber dem Vorjahr verändert:

Jahr	1999	2000	2001	2002
Änderung	+20%	+40%	+10%	-30%

Wie groß ist die durchschnittliche Änderungsrate?

2.2.5 Für die Kaufkraft einer Währung wurden für 6 aufeinanderfolgende Jahre folgende Werte ermittelt: 100; 95; 85; 80; 78; 70. Bestimmen Sie den durchschnittlichen prozentualen jährlichen Kaufkraftschwund.

2.2.6 Ein PKW legt vier gleichlange Teilstrecken einer Gesamtstrecke in den Geschwindigkeiten 40km/h, 50km/h, 80km/h und 100km/h zurück. Durch welche (konstante) Geschwindigkeit hätte er die Gesamtstrecke in der gleichen Zeit bewältigt?

2.2.7   In 5 Arbeitsamtsbezirken werden folgende Arbeitslosenquoten und Anzahlen Arbeitsloser zu einem bestimmten Stichtag ermittelt.

Bezirk	1	2	3	4	5
Arbeitlosenquote in %	8	5	10	12	6
Arbeitslose	1.600	750	1.000	3.600	1.500

Bestimmen Sie die durchschnittliche Arbeitslosenquote für alle 5 Bereiche.

2.2.8   Bestimmen Sie jeweils einen geeigneten Mittelwert.

a) Bei einem Länderkampf im Turnen erzielten 7 Teilnehmer aus Deutschland folgende Plätze in der Gesamtwertung des Zwölfkampfes: 2, 4, 5, 8, 9, 11, 12.
Welchen Platz haben die Turner im Durchschnitt belegt?

b) In einem Flugblatt wird verkündet: Bei zwei Umfragen unter Studenten haben sich einmal 60% von 100 Hörern einer Vorlesung und zum anderen 38% von 1000 vor der Mensa befragten Studenten für die Abschaffung der Statistik ausgesprochen.
Wieviel Prozent der Befragten haben sich im Durchschnitt für die Abschaffung der Statistik ausgesprochen?

c) Ein Reisender braucht für das erste Viertel einer Strecke von 1000 km 2 Stunden. Für die folgende Teilstrecke, die genau halb so lang wie die Gesamtstrecke ist, braucht er 5 Stunden, für den Rest 3 Stunden.
Welche Durchschnittsgeschwindigkeit ergibt sich für die Gesamtstrecke?

2.2.9   Bestimmen Sie jeweils einen geeigneten Mittelwert.

a) Ein Amateurradrennfahrer fährt in der ersten Stunde 50 km/h. Danach 1 Stunde und 15 Minuten 40 km/h.
Welche Durchschnittsgeschwindigkeit hat der Radrennfahrer erzielt?

b) Von 11 durch die unbestechlichen Tester des „Guide pour les chiens" getesteten Hundepensionen erhielten 5 Pensionen 3 Sterne, 2 Pensionen 2 Sterne und 3 Pensionen 1 Stern. Eine Pension erhielt keinen Stern.
Wieviele Sterne haben die getesteten Pensionen im Mittel erhalten?

c) Der Erdölverbrauch in einem Entwicklungsland hat in zwei aufeinanderfolgenden Jahren um 20% und um 38,75% zugenommen.
Um wieviel Prozent hat der Erdölverbrauch durchschnittlich pro Jahr zugenommen?

2.2.10 Geben Sie an, welcher Mittelwert jeweils geeignet ist.

a) 8 Punktrichter ordnen Eiskunstläufer nach der Leistung. Für jeden Läufer soll die durchschnittliche Einordnung bestimmt werden.

b) Ein Fliesenleger verlegt 20 m² Fliesen mit 5 m²/Stunde und 10 m² Fliesen mit 4 m²/Stunde. Wie hoch ist die Durchschnittsleistung?

c) Die Lohnsteigerungen in einem Betrieb betrugen in den letzten Jahren 7%, 6,5% und 4,9%. Bestimmen Sie die durchschnittliche Steigerungsrate.

2.2.11 Bei dem Fernsehquiz „Dalli-Dalli" werden die Punktzahlen aus drei aufeinanderfolgenden Einzelspielen multipliziert, um die Gesamtpunktzahl zu erhalten. Es nehmen nur Paare von Kandidaten teil. Ein Kandidatenpaar erzielt folgende Punkte: 1. Spiel: 6 Punkte; 2. Spiel: 4 Punkte; 3. Spiel: 9 Punkte. Welche durchschnittliche Punktzahl pro Spiel hat das Kandidatenpaar erzielt?

2.2.12 Eine Hausfrau kauft nur noch das umweltfreundliche Waschpulver OPES (ohne Phosphate, Enzyme und Schaumbildung), das aus Erdöl hergestellt wird. Sie führt Buch über ihre Ausgaben und berechnet nach jedem Waschpulverkauf den von ihr pro kg bezahlten Preis:

Tag des Einkaufs	28.2.2002	30.6.2002	30.11.2002
Ausgabe	6 EUR	9 EUR	16 EUR
Durchschnittspreis	2 EUR/kg	3 EUR/kg	4 EUR/kg

Welchen durchschnittlichen Preis hat sie während des Jahres 2002 gezahlt?

2.2.13 Auf einer Baustelle arbeiten 3 Maurer. Der erste benötigt für 1m² Mauerwerk (24 cm stark) 60 Minuten, der zweite 10 Minuten und der dritte 30 Minuten. Wie hoch ist die Durchschnittsleistung der Maurer (durchschnittliche Zeit für 1m² Mauerwerk)?

2.2.14 Ein Restaurant importiert Froschschenkel aus drei verschiedenen Ländern für je 6.000 EUR/Monat zu folgenden Einkaufspreisen:

Land A: 100 EUR/kg; Land B: 150 EUR/kg; Land C: 120 EUR/kg.

Welchen durchschnittlichen Preis hat das Restaurant bezahlt?

2.2.15 Zwei Produktionsbereiche eines Unternehmens haben 2001 folgende Umsätze erzielt: A: 2.000.000 EUR; B: 3.000.000 EUR.

2002 steigt der Umsatz gegenüber dem Vorjahr im Bereich A um 9% und im Bereich B um 4%.

Wie hoch ist der durchschnittliche Zuwachs?

2.2.16 **a)** Ein Autofahrer tankt auf einer Reise dreimal, und zwar beim ersten Mal 20ℓ zum Preis von 1,20 EUR/ℓ, beim zweiten Mal 30 ℓ zum Preis von 1,60 EUR/ℓ und beim dritten Mal 50ℓ zum Preis von 1,50 EUR/ℓ. Wie groß ist der mittlere Benzinpreis (EUR/ℓ)?
b) Wie groß ist der mittlere Benzinpreis, wenn er zu den in **a)** angegebenen Preisen jedesmal für den gleichen Geldbetrag tankt?

2.2.17 In einer Firma beträgt das arithmetische Mittel aller dort gezahlten Gehälter EUR 2.500,-. Aufgrund einer Vereinbarung wird das Gehalt aller leitenden Angestellten um 10% erhöht. Auf diese Gruppe entfielen vor der Gehaltserhöhung 30% der gesamten Gehaltssumme. Wie hoch ist das arithmetische Mittel aller Gehälter nach der Gehaltserhöhung?

2.2.18 In der Region A sind 5.000 Arbeitslose registriert (Arbeitslosenquote: 10%). In der Region B gibt es 6.000 Arbeitslose (Quote: 8%). Wie hoch ist die mittlere Arbeitslosenquote für beide Regionen?

2.2.19 Bei einem Unternehmen ist 2001 der Umsatz bei Produkt A um 10% auf 1.100.000 EUR und bei Produkt B um 15% auf 575.000 EUR gewachsen. Wie hoch ist die mittlere Zuwachsrate?

2.3 Streuungsmaße

2.3.1 Für Waschpulver eines bestimmten Herstellers wurden in 10 Geschäften Braunschweigs folgende Preise für ein 1-kg-Paket ermittelt (in EUR): 1,40; 1,60; 1,70; 1,50; 1,40; 1,80; 1,70; 1,60; 1,50; 1,80. Berechnen Sie Varianz und Standardabweichung.

2.3.2 Eine Befragung von Studenten nach den monatlichen Ausgaben für Bücher hat folgendes Ergebnis geliefert:

Ausgaben	30 bis u. 40	40 bis u. 50	50 bis u. 60	60 bis u. 70	70 bis u. 80
$f(x_j)$	0,1	0,2	0,2	0,4	0,1

Berechnen Sie arithmetisches Mittel und Varianz.

2.3.3 Berechnen Sie für folgende Verteilung die Standardabweichung:

Klasse	10 bis unter 20	20 bis unter 30	30 bis unter 40	40 bis unter 50
Häufigkeit	12	23	20	5

2.3.4   Die folgende Tabelle gibt die Körpergröße von 5 Kindern in cm und Zoll an, wobei der Einfachheit halber 1 Zoll = 2,5 cm gesetzt wurde.

cm	120	130	125	130	135
Zoll	48	52	50	52	54

Berechnen Sie für beide Messreihen
a) arithmetisches Mittel,
b) Standardabweichung und
c) Variationskoeffizient.

2.3.5   Die Untersuchung des verfügbaren Einkommens von Studenten in den USA und in der Bundesrepublik Deutschland ergab folgende Werte:
USA: $\bar{x} = 470$ \$; $s = 160$ \$; Deutschland: $\bar{x} = 520$ EUR; $s = 130$ EUR.
Vergleichen Sie die relativen Streuungen miteinander.

2.3.6   Für eine Stichprobe vom Umfang $n = 10$ wurde das arithmetische Mittel $\bar{x} = 8$ und die Standardabweichung $s_x = 4$ berechnet. Später stellte sich heraus, dass die beiden Werte $x_{11} = 1$ und $x_{12} = 3$ bei der Berechnung vergessen wurden.
Wie lauten
a) der Mittelwert und
b) die Standardabweichung
für die gesamte Stichprobe vom Umfang $n = 12$?

2.3.7   Bei einer Prüfung wurden von 11 Studenten folgende Punktzahlen erzielt: 7, 3, 4, 2, 8, 6, 5, 3, 7, 3, 7.
Bestimmen Sie
a) Zentralwert,
b) arithmetisches Mittel,
c) Spannweite,
d) Varianz und
e) Standardabweichung.

2.3.8   Ordnen Sie die Beobachtungswerte 10,3; 12,4; 11,3; 10,8; 12,1; 12,9; 13,5; 13,1; 10,4; 12,0 folgenden Klassen zu: 10 bis unter 11; 11 bis unter 12; 12 bis unter 13; 13 bis unter 14.
Berechnen Sie arithmetisches Mittel und Varianz für die klassierten Werte.

2.3.9   Wie ist die Varianz definiert?

a) Als ein Maß für die Unterschiedlichkeit von Maßzahlen (bezogen auf den Mittelwert).

b) Als ein Maß für die Abweichung der Werte einer Verteilung vom arithmetischen Mittel.

c) Als ein durch den Wendepunkt einer Verteilung bestimmter Kennwert.

d) Als ein Maß für den Unterschied zwischen den Extremwerten einer Verteilung.

e) Keine dieser Antworten trifft zu.

2.3.10   In einem Krankenhaus wurde das Gewicht x von 10 Neugeborenen gemessen. Man erhielt folgende Häufigkeitsverteilung:

x(in kg)	$1,5 < x \leq 2,5$	$2,5 < x \leq 3,5$	$3,5 < x \leq 4,5$	$4,5 < x \leq 5,5$
$h(x)$	3	3	3	1

Bestimmen Sie **a)** arithmetisches Mittel, **b)** Spannweite und **c)** Zentralwert.

2.3.11   Bestimmen Sie für die Werte 8, 6, 7, 6, 9, 11, 10, 7, 6, 10

a) Zentralwert,

b) arithmetisches Mittel,

c) mittlere absolute Abweichung,

d) Varianz und

e) Standardabweichung.

3 Zweidimensionale Verteilungen

3.1 Grundbegriffe

3.1.1 30 Schüler einer Klasse haben folgende Mathematik- und Religionsnoten zu einem bestimmten Zeugnistermin bekommen:

Schüler	1	2	3	4	5	6	7	8	9	10	11	12	13	14	15
Mathematik	1	2	5	5	4	3	2	4	4	1	1	1	3	3	3
Religion	5	4	2	1	4	3	2	2	3	4	5	4	3	2	4

Schüler	16	17	18	19	20	21	22	23	24	25	26	27	28	29	30
Mathematik	2	4	3	2	2	2	5	5	1	2	3	3	5	3	3
Religion	4	4	4	4	2	3	3	2	3	4	3	4	1	2	3

Stellen Sie die Beobachtungswerte in einer Kontingenztabelle dar und bestimmen Sie die Randverteilungen.

3.1.2 14 Haushalte werden nach ihrem monatlichen Einkommen und den monatlichen Konsumausgaben befragt. Man erhält folgendes Ergebnis (Einkommen und Konsumausgaben in 10 EUR):

Haushalt	1	2	3	4	5	6	7	8	9	10	11	12	13	14
Einkommen	100	250	200	250	150	100	200	150	120	180	170	130	230	220
Konsumausgaben	100	200	180	220	120	80	160	140	106	154	146	114	194	186

a) Stellen Sie die Beobachtungswerte in einer Korrelationstabelle dar, bei der sowohl für das Einkommen als auch für die Konsumausgaben Klassen der Breite 500 mit den Klassengrenzen 750, 1250 usw. verwendet werden.
b) Zeichnen Sie ein Streuungsdiagramm der Beobachtungswerte.
c) Berechnen Sie für die unter **a)** angegebenen Einkommensklassen die bedingten Mittelwerte der Konsumausgaben aus den Beobachtungswerten und zeichnen Sie diese in das Streuungsdiagramm ein.

3.1.3 Gegeben sei die folgende zweidimensionale Häufigkeitstabelle der beiden Merkmale X und Y für insgesamt 10 Beobachtungspaare:

	x_1	x_2
y_1		3
y_2		

Es ist weiter bekannt, dass $f(x_2|y_1) = 0,5$ und $f(x_1|y_2) = 0,5$. Geben Sie die restlichen Werte in der Häufigkeitstabelle an.

3.1.4 Aus 100 Beobachtungswerten ermittelte man folgende zweidimensionale Häufigkeitsverteilung:

	y_1	y_2	y_3
x_1	0,2		
x_2		0,1	
			0,4

Bestimmen Sie die restlichen Werte der Häufigkeitsverteilung und der Randverteilungen unter Berücksichtigung von $f(x_2|y_3) = 0,25$ und $h(y_1) = 30$.

3.1.5 Gegeben ist folgende zweidimensionale Häufigkeitsverteilung:

	x_1	x_2	x_3
y_1	10	5	3
y_2	6	5	1

a) Bestimmen Sie $f(x_1|y_2)$.
b) Bestimmen Sie $f(y_2|x_3)$.
c) Sind die beiden Merkmale unabhängig?

3.1.6 In der folgenden Tabelle sind einige Häufigkeiten der Randverteilungen und der zweidimensionalen Häufigkeitsverteilung der unabhängigen Merkmale X und Y gegeben. Bestimmen Sie die restlichen Häufigkeiten.

	1	2	3	Randverteilung von Y
0		1		10
1				
Randverteilung von X		30		100

3.1.7 Der „Club Ausgefallener Deutscher Automobile" (CADA) hat für 100 PKWs dreier verschiedener Typen die häufigsten Ursachen für Motorausfälle auf Autobahnen erfasst:

		Typ A	Typ B	Typ C
	Benzin-mangel	30	5	15
Ur-sache	Kolben-fresser	15	10	5
	Kabel-brand	15	5	0

a) Bei welchem PKW-Typ ist die relative Häufigkeit für „Motorausfall aus Benzinmangel" am kleinsten?
b) Ist die relative Häufigkeit für Kabelbrände beim PKW-Typ B größer als beim PKW-Typ A?
c) Sind „PKW-Typ" und „Ursache für Motorausfall" unabhängig voneinander?

3.1.8 20- bis 25-jährige unverheiratete Frauen wurden nach Haarfarbe und Anzahl ihrer Verehrer befragt. Man erhielt folgendes Ergebnis.

			Anzahl der Verehrer							
			0	1	2	3	4	5	6	
			x_1	x_2	x_3	x_4	x_5	x_6	x_7	
Haar-	rot	y_1	0	10	3	12	6	7	2	41
farbe	braun	y_2	2	12	4	1	1	0	0	20
	blond	y_3	4	12	2	3	0	0	0	21
	schwarz	y_4	1	6	5	3	0	2	1	18
			7	40	14	19	7	10	3	100

Welche Aussagen sind bei Unabhängigkeit der Merkmale richtig?
a) $f(x_3; y_2) = 0,028;$ **b)** $f(x_1 | y_2) = 0,2;$
c) $f(y_4 | x_2) = 0,15;$ **d)** $f(x_6; y_2) = 0.$

3.1.9 Gegeben sind die Randverteilungen einer zweidimensionalen Häufigkeitsverteilung der <u>unabhängigen</u> Merkmale X und Y. Berechnen Sie für alle Felder der Tabelle die jeweiligen Häufigkeiten.

	y_1	y_2	y_3	y_4	y_5	
x_1						20
x_2						40
x_3						60
x_4						40
x_5						40
	50	30	10	70	40	200

3.1.10 Aus 100 Beobachtungswerten ermittelte man folgende zweidimensionale Häufigkeitsverteilung:

	y_1	y_2	y_3
x_1	0,2		
x_2		0,1	
			0,4

Bestimmen Sie die restlichen Werte unter Berücksichtigung von:
$f(x_2 | y_3) = 0,5$ und $h(y_1) = 40.$

3.1.11 Die unabhängigen Merkmale X und Y haben die angegebenen Verteilungen: Bestimmen Sie die relativen Häufigkeiten der gemeinsamen Verteilung von X und Y.

x_j	x_1	x_2	x_3
$f(x_j)$	0,1	0,4	0,5

y_k	y_1	y_2	y_3
$f(y_k)$	0,2	0,7	0,1

3.2   Kleinste-Quadrate-Regressionsfunktionen

3.2.1   Gegeben sind die folgenden Wertepaare:

X	1	1	2	2	3	3
Y	1	3	2	4	3	5

a) Stellen Sie die Wertepaare graphisch dar.

b) Bestimmen und zeichnen Sie eine lineare yx- und eine lineare xy-Regressionsfunktion nach dem Kriterium der kleinsten Quadrate.

c) Bestimmen Sie den Schnittpunkt der unter **b)** bestimmten Regressionsgeraden.

d) Bestimmen Sie für beide Regressionsfunktionen die Summe der Residuen.

3.2.2   Welche der folgenden Aussagen über eine Regressionsgerade $\hat{y} = 1 + 9,5x$, die nach dem Kriterium der kleinsten Quadrate berechnet wurde, sind richtig?

a) Da die Regressionsgerade einen sehr starken Anstieg hat (b = 9,5), besteht ein enger (stark ausgeprägter) Zusammenhang zwischen den Merkmalen X und Y.

b) Es liegt ein Rechenfehler vor, denn für den Parameter b einer Regressionsfunktion gilt: $-1 \leq b \leq 1$.

c) Wenn sich x um eine Einheit erhöht, erhöht sich y durchschnittlich um 9,5 Einheiten.

d) Wenn sich x um eine Einheit erhöht, erhöht sich y durchschnittlich auf das 9,5-fache.

e) Die Regressionsfunktion sagt nichts darüber aus, wie ausgeprägt der Zusammenhang zwischen X und Y ist.

3.2.3   Es wurde für den Zusammenhang zwischen den Merkmalen „Monatliche Mietausgaben in EUR" (y) und „Monatliches Einkommen in EUR" (x) von Haushalten die KQ-Regressionsfunktion $\hat{y} = 0,2x + 100$ berechnet. Welche der folgenden Aussagen sind richtig?

a) Die Mietausgaben der untersuchten Haushalte betragen im Durchschnitt 20% des Einkommens.

b) Die Regressionsfunktion enthält einen Fehler, da bei Haushalten unter 125 EUR Einkommen die Mietausgaben das Einkommen übersteigen.

c) Durchschnittlich ergibt sich zu einem Einkommensunterschied von 100 EUR zwischen zwei Haushalten ein Mietausgabenunterschied von 20 EUR.

d) Eine Einkommenssteigerung um 1% führt im Durchschnitt der untersuchten Haushalte zu einer Mietsteigerung um 0,2%.

e) Je kleiner das Einkommen der untersuchten Haushalte, desto kleiner im Durchschnitt die Mietausgaben.

3.2.4 Gegeben sind die folgenden Wertepaare:
(1;2), (2;-1), (3;1), (4;0), (5;0,5), (6;-0,5).

In der nebenstehenden Skizze sind die Wertepaare sowie 3 Geraden eingezeichnet. Zwei dieser Geraden können nicht die nach dem Kriterium der kleinsten Quadrate berechnete Regressionsgerade für die Wertepaare sein.
Geben Sie diese Geraden an.

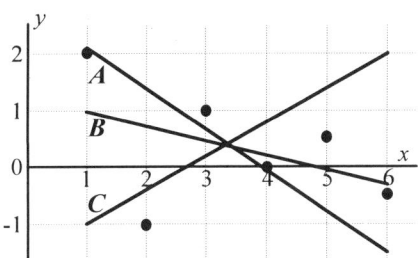

3.2.5 Für den Zusammenhang zwischen Körpergröße x (in cm) und Körpergewicht y (in kg) erwachsener Menschen wurde folgende KQ-Regressionsfunktion ermittelt: $\hat{y} = 0,9x - 100$. Welche Aussagen sind richtig?

a) Eine Zunahme der Körpergröße um 10% führt zu einer durchschnittlichen Zunahme des Körpergewichts um 9%.

b) Eine Zunahme der Körpergröße um 10 cm führt zu einer durchschnittlichen Zunahme des Körpergewichts um 9 kg.

c) Das Körpergewicht (in kg) beträgt durchschnittlich 90% des Wertes der Körpergröße (in cm).

d) Die Regressionsfunktion muss falsch sein, da Personen mit einer Körpergröße von 111 cm oder weniger ein negatives Gewicht haben würden.

3.2.6 Gegeben sind die folgenden Wertepaare $(x_i ; y_i)$:
(-2;1), (-1;1), (-1;3), (1;3), (1;5), (2;5).
Berechnen Sie eine lineare KQ-Regressionsfunktion $\hat{y} = a + bx$.

3.2.7 Bei 10.000 erwachsenen Einwohnern der Bundesrepublik werden Körpergröße x (in cm) und Körpergewicht y (in kg) gemessen. Aus den Beobachtungswerten wird eine KQ-Regressionsgerade $y = -100 + x$ berechnet. Welche Aussagen sind richtig?

a) Personen mit einer Körpergröße von 186 cm haben ein Durchschnittsgewicht von 86 kg.

b) Personen, die 10% größer sind als andere, sind auch 10% schwerer.

c) Bei einer um 5 cm höheren Körpergröße kann man mit einem um 5 kg höheren Körpergewicht rechnen.

d) Die Regressionsgerade muss falsch sein, da Personen unter 100 cm Körpergröße danach ein negatives Gewicht haben müssen.

3.2.8 Für den Zusammenhang zwischen zwei Merkmalen X und Y ist eine lineare KQ-Regressionsfunktion berechnet worden: $\hat{y} = 0,1 + 1,95x$. Welche der folgenden Aussagen sind richtig?

a) Es besteht ein enger (stark ausgeprägter) Zusammenhang zwischen den Merkmalen.

b) Es liegt ein Rechenfehler vor, denn für eine lineare Regressionsfunktion $y = a + bx$ gilt allgemein: $-1 \le b \le 1$.

c) Die Regressionsfunktion sagt nichts darüber aus, wie ausgeprägt der Zusammenhang ist.

d) Da a fast 0 ist, ist der Zusammenhang nur sehr schwach.

e) Wenn man x um einen bestimmten Betrag ändert, ändert sich y im Durchschnitt annähernd um das Doppelte dieses Betrages.

3.2.9 Von einer KQ-Regressionsfunktion $\hat{y} = a + bx$ kennt man die Steigung $b = 0,5$. Ferner sind $\sum_{i=1}^{n} x_i = 120$, $n = 20$, $\sum_{i=1}^{n} y_i^2 = 800$ und $s_y^2 = 4$ bekannt. Berechnen Sie a.

3.2.10 Für eine yx-Regressionsfunktion $\hat{y} = a + bx$ sind $\bar{x} = 6$ und $\bar{y} = 3$ gegeben und man weiß, wenn x sich um 10 Einheiten erhöht, erhöht sich y durchschnittlich um 5 Einheiten. Wie lautet diese lineare yx-Regressionsfunktion?

3.2.11 Gegeben sei die gemeinsame Verteilung zweier Merkmale X und Y und die daraus berechnete KQ-Regressionsfunktion $\hat{y} = a + bx$. Welche der folgenden Aussagen über die Regressionsfunktion sind richtig?

a) Die Regressionsfunktion gibt den eindeutigen Zusammenhang zwischen Y und X an.

b) Die Regressionsfunktion gibt an, welchen durchschnittlichen Wert y zu vorgegebenem Wert x annimmt.

c) $a = 0$ bedeutet: Es gibt keinen Zusammenhang zwischen X und Y.

d) Falls $b = 1$ liegen alle Beobachtungswerte auf der Geraden $\hat{y} = a + x$.

3.2.12 Gegeben seien zwei abhängige Merkmale X und Y.
Wann stimmen die nach dem Kriterium der kleinsten Quadrate bestimmten lineare yx-Regressionsfunktion und lineare xy-Regressionsfunktion überein?

3.3 Zusammenhangsmaße

3.3.1 Gegeben seien die folgenden Beobachtungswerte der gemeinsam auftretenden Merkmale X und Y:

x	0	2	4	6
y	2	0	6	4

Berechnen Sie a) Kovarianz und b) PEARSONschen Korrelationskoeffizienten.

3.3.2 Aus 80 Wertepaaren der Merkmale X und Y wurde ein PEARSON-scher Korrelationskoeffizient von $r = -0,95$ berechnet. Welche der folgenden Aussagen sind richtig?
a) Die Beobachtungswerte streuen eng um eine fallende Gerade.
b) Ein Zusammenhang ist nicht erwiesen, da $r < 0$ gilt.
c) Die Werte von X und Y sind annähernd umgekehrt proportional zueinander.
d) Berechnet man für die Wertepaare eine Regressionsgerade $y = a + bx$ nach dem Kriterium der kleinsten Quadrate, dann erhält man für b einen negativen Wert.

3.3.3 Für zwei Merkmale wurde mit einer Stichprobe der Korrelations-koeffizient $r = -0,074$ geschätzt. Welche der Interpretationen sind richtig?
a) Es besteht eine eindeutige lineare Abhängigkeit.
b) Die Paare der Beobachtungswerte streuen eng um eine fallende Gerade.
c) Die Paare der Beobachtungswerte streuen eng um eine steigende Gerade.
d) Es gibt keine Gerade, um die die Paare der Beobachtungswerte eng streuen.

3.3.4 Aus 50 Wertepaaren der Merkmale X und Y wurde ein Korrelationskoeffizient (nach PEARSON) von $r = 0,9$ berechnet. Welche der folgenden Aussagen treffen dann zu?
a) Der Zusammenhang zwischen den Variablen ist annähernd linear.
b) Die beiden Merkmale sind nahezu identisch.
c) Eine Verdoppelung der einen Variablen führt annähernd zu einer Verdoppelung der anderen Variablen.
d) Da $r \neq 1$ gilt, ist ein Zusammenhang nicht erwiesen.

3.3.5   Berechnen Sie für die folgenden Werte $(x_i; y_i)$ ($i=1,...,6$) eine KQ-Regressionsfunktion $y = a + bx + cx^2$ und das Bestimmtheitsmaß.
(1;6), (2;4), (3;3), (3;5), (4;6), (5;10)

3.3.6   Für die metrisch messbaren Merkmale X und Y wurde ein Korrelationskoeffizient von $r = 0,98$ berechnet. Welche Aussagen sind falsch?
a) X und Y sind annähernd proportional zueinander.
b) Der Zusammenhang zwischen X und Y kann gut durch eine steigende Gerade beschrieben werden.
c) Wenn X um 10 zunimmt, nimmt Y durchschnittlich um 0,98 zu.
d) Die Beobachtungswerte streuen eng um eine steigende Gerade.
e) Da $r \neq 1$ gilt, liegt ein Zusammenhang nicht vor.

3.3.7   Für zwei metrisch messbare Merkmale X und Y wurden eine lineare KQ-Regressionsfunktion $y = a+bx$ und der PEARSONsche Korrelationskoeffizient r berechnet. Welche Aussagen sind richtig?
a) Wenn $b > 0$ ist, ist $r < 0$.
b) Wenn $b > 0$ ist, ist $r > 0$.
c) $a = 0$ bedeutet: es liegt kein Zusammenhang vor.
d) Aus $b = 1$ folgt, dass alle Werte auf einer steigenden Geraden liegen.
e) Aus $r = -1$ folgt, dass alle Werte auf einer fallenden Geraden liegen.

3.3.8   Ein Journalist, der sich selbst als Zukunftsforscher bezeichnet, misst an einem Tag bei wolkenlosem Himmel die Strahlungsintensität I der Sonne in Abhängigkeit von der Tageszeit T und erhält folgende Ergebnisse:

Tageszeit T (h)	7	9	11	13	15	17
Intensität I (Watt/m²)	103	345	571	619	367	132

Aus diesen Daten lässt sich der PEARSONsche Korrelationskoeffizient mit $r = 0,06$ berechnen. Der Zukunftsforscher schreibt daraufhin in einem Artikel: „Sensation: Strahlungsintensität der Sonne hängt praktisch nicht von der Tageszeit ab. Konservative Physiker völlig ratlos." Welchen fundamentalen Interpretationsfehler enthält die Aussage des „Zukunftsforschers"?

3.3.9   Gegeben sind die folgenden Wertepaare:

x	1	1	3	3
y	2	6	0	4

Bestimmen Sie die lineare yx-Regressionsfunktion und den Korrelationsindex k.

3.3.10 Bei einem Turnwettkampf haben 6 Turner die folgenden Bewertungen an zwei Geräten erzielt:

Turner Nr.	1	2	3	4	5	6
Reck	9,3	8,6	9,1	9,1	9,0	9,5
Stufenbarren	9,1	8,8	9,0	8,9	8,7	9,4

Berechnen Sie den SPEARMANschen Rangkorrelationskoeffizienten r_s.

3.3.11 Ein Landwirt möchte feststellen, ob ein Zusammenhang zwischen Blütebeginn und Erntebeginn von hellen Süßkirschen besteht. In einem Jahr machte er an 5 Bäumen folgende Beobachtungen:

Baum	*A*	*B*	*C*	*D*	*E*
Blütebeginn	28.04.	29.04.	01.05.	02.05.	03.05.
Erntebeginn	02.07.	25.06.	27.06.	03.07.	26.06.

Berechnen Sie den SPEARMANschen Rangkorrelationskoeffizienten r_s.

3.3.12 Zwei Lehrer beurteilen die Leistungen von Schülern durch Punkte. Für die Punktbewertungen wird ein SPEARMANscher Rangkorrelationskoeffizient von −0,8 berechnet. Welche Aussagen sind richtig?

a) Ein Lehrer beurteilt die Schüler etwa 80% schlechter als der andere.

b) Die meisten Schüler, die bei einem Lehrer eine hohe Punktzahl haben, haben bei dem anderen Lehrer eine niedrige Punktbewertung.

c) Hinsichtlich der Leistungsreihenfolge haben die beiden Lehrer annähernd entgegengesetzte Vorstellungen von der Schülergruppe.

d) Keine der Aussagen ist richtig, da der SPEARMANsche Rangkorrelationskoeffizient keine negativen Werte annehmen kann.

3.3.13 Bestimmen Sie zu Aufgabe 3.3.10 die Anzahl der konkordanten und diskordanten Paare und die Anzahl der bezüglich *X*, *Y* bzw. *X* und *Y* übereinstimmenden Paare. Berechnen Sie den Konkordanzkoeffizienten.

3.3.14 10 Studenten veranstalten einen Wettlauf. Die folgende Tabelle enthält die Körpergröße und die Plazierung.

Student	*A*	*B*	*C*	*D*	*E*	*F*	*G*	*H*	*I*	*K*
Körpergröße	180	170	174	190	165	182	178	169	184	189
Platz	3	7	8	2	10	5	6	9	1	4

Berechnen Sie ein geeignetes Zusammenhangsmaß.

3.3.15 Paul hat beim Fleißlaufwettbewerb folgende Bewertungen erzielt:

Punktrichter	1	2	3	4	5	6
A-Note	5,7	5,2	5,3	4,8	5,0	5,1
B-Note	5,0	5,5	5,3	5,9	5,8	5,7

a) Bestimmen Sie den Rangkorrelationskoeffizienten.
b) Kann man in diesem Beispiel den Rangkorrelationskoeffizienten auch ohne eine Berechnung bestimmen?

3.3.16 Die Ergebnisse von 50 Teilnehmern einer Klausur werden getrennt nach Familienstand ausgewertet.

	bestanden	nicht bestanden	Berechnen Sie den
ledig	36	4	**a)** Kontingenzkoeffizienten
verheiratet	4	6	**b)** korrigierten Kontingenzkoeff.

3.3.17 200 wahlberechtigte Braunschweiger werden nach dem Geschlecht und der Teilnahme an der letzten Bundestagswahl gefragt:

	gewählt	nicht gewählt	**a)** Berechnen Sie den Kontingenzkoeffizienten.
m	144	16	**b)** Berechnen Sie den korrigierten
w	16	24	Kontingenzkoeffizienten.

3.3.18 Die Stiftung Warentest veröffentlichte in der Zeitschrift TEST eine Untersuchung über die Brieflaufzeiten bei der Deutschen Bundespost. Es ergab sich folgende Tabelle, aus der die unterschiedlichen Laufzeiten für Normalbriefe (N) und Eilbriefe (E) ersichtlich sind. Die Anzahlen wurden zur Verringerung des Rechenaufwandes leicht geändert.

Laufzeit T	bis 24 h	über 24 bis 48 h	über 48 bis 72 h	über 72 h
Normalbrief	600	600	250	50
Eilbrief	1000	400	96	4

a) Berechnen Sie χ^2.
b) Berechnen Sie den Kontingenzkoeffizienten.
c) Berechnen Sie den korrigierten Kontingenzkoeffizienten.

3.3.19 Für 50 Wohnungen wurde das Fertigstellungsjahr erhoben, und es wurde ermittelt, ob die Wohnungen mit Zentralheizungen ausgestattet sind.

	Fertigstellung vor 1950	Fertigstellung 1950 oder später
mit Heizung	12	28
ohne Heizung	8	2

Berechnen Sie den Kontingenzkoeffizienten C.

3.3.20 An jedem Element einer Grundgesamtheit wurden mehrere gemeinsam auftretende Merkmale erhoben. Zur Überprüfung von Abhängigkeiten zwischen den Merkmalen sollen verschiedene Abhängigkeitsmaße berechnet werden. Welche der nachstehenden Zuordnungen von Merkmalskombinationen und Abhängigkeitsmaßen sind sinnvoll?

a) Körpergröße - Haarfarbe: Rangkorrelationskoeffizient von SPEARMAN.

b) Haarfarbe - Religionszugehörigkeit: Kontingenzkoeffizient.

c) Kinderzahl - Prüfungsergebnis: PEARSONscher Korrelationskoeffizient.

d) Kopfumfang - Klausurnote: Rangkorrelationskoeffizient von SPEARMAN.

e) Körpergewicht - Körpergröße: PEARSONscher Korrelationskoeffizient.

f) Körpergewicht - Haarfarbe: Rangkorrelationskoeffizient von SPEARMAN.

3.3.21 a) Was kann man schließen, wenn für den Korrelationskoeffizienten gilt $r = -1$?

b) Was kann man schließen, wenn für das Bestimmtheitsmaß gilt $B^2 = 1$?

3.3.22 Die Leistungen von 6 Studenten der Wirtschaftswissenschaften wurden vom Prüfer S. wie folgt geordnet:

Student	A	B	C	D	E	F
Leistungsrang S.	4	2	1	3	5	6

Der Prüfer B. hatte die Leistungen ebenfalls geordnet und es ergab sich ein Rangkorrelationskoeffizient von $r_s = -1$. Wie lautet die Rangfolge der Leistungsbewertungen von B.?

3.3.23 Geben Sie geeignete Zusammenhangsmaße für folgende Merkmalspaare an:

a) Studienfach und Anfangsgehalt bei Absolventen einer Hochschule.

b) Einstellungsalter und Anfangsgehalt bei Absolventen einer Hochschule.

c) Verdienst in EUR und ausgeübter Beruf.

d) Studienfach und Geschlecht.

4   Zeitabhängige Daten

4.1   Bestandsanalyse

4.1.1   Geben Sie zu den folgenden Bestandsmassen an, ob sie offen oder geschlossen sind.

a) Hörer einer Vorlesung.

b) An der Universität Hannover immatrikulierte Studenten.

c) Bestand eines Artikels in einem Einzelhandelsgeschäft.

d) Besucher einer Ausstellung.

e) Zugelassene Kraftfahrzeuge in Braunschweig.

4.1.2   In einem Museum werden an einem Vormittag für die Öffnungszeit von 9 bis 13 Uhr 12 Besucher gezählt, für die der Zeitpunkt des Betretens („zu") und des Verlassens („ab") des Museums festgehalten wurde.

Nr.	1	2	3	4	5	6	7	8	9	10	11	12
zu	9^{10}	9^{30}	10^{00}	10^{10}	10^{20}	10^{30}	10^{40}	10^{50}	11^{30}	11^{40}	11^{50}	12^{20}
ab	12^{30}	10^{10}	11^{30}	11^{20}	11^{50}	12^{20}	12^{10}	13^{00}	12^{50}	12^{50}	13^{00}	13^{00}

Bestimmen Sie

a) den Durchschnittsbestand an Besuchern,

b) die mittlere Verweildauer der Besucher und

c) die Verweilzeitverteilung.

4.1.3   Ein Händler verzeichnet für Elefantenmützen an 6 Tagen einer Woche folgende Lagerbewegungen (der Anfangsbestand beträgt 0).

Tag	1	2	3	4	5	6
Zugang	5	2	0	5	3	1
Abgang	4	1	2	4	2	3

Wie groß ist die Umschlagshäufigkeit?

4.1.4 Ein Einzelhändler verkauft von seinem Lager Halsbänder für Regenwürmer. Während eines Monats ermittelt er folgende Lagerbewegungen (Zugänge ~ Lieferung, Abgänge ~ Verkauf):

Tag	2	3	4	7	9	10	14	15	16	22	23	24	25	28	30	31
Zugang	5	0	0	10	0	0	20	0	0	10	0	0	0	10	0	0
Abgang	2	1	1	2	1	5	5	4	8	5	5	5	4	4	1	1

Der Bestand am Anfang des Monats beträgt 3 Stück. Bestimmen Sie
a) den täglichen Lagerbestand durch Fortschreibung,
b) Zugangs- und Abgangsrate,
c) Durchschnittsbestand,
d) mittlere Verweildauer,
e) Umschlagshäufigkeit.
f) Zeichnen Sie ein Bestandsdiagramm.

4.1.5 Der Flaschenbiervorrat B_i des Studenten Paul hat sich Anfang Mai wie folgt entwickelt (Zu- und Abgänge jeweils am Tagesende):

	1.	3.	4.	5.	6.	8.	9.	10.
zu	40	–	–	–	–	20	–	–
ab	10	5	8	22	7	4	12	8
B_i	46	41	33	11	4	20	8	0

Der Anfangsbestand betrug 16. Berechnen Sie
a) Durchschnittsbestand,
b) mittlere Verweildauer,
c) Umschlagshäufigkeit.

4.1.6 In einer Ausstellung wird zu jeder vollen Stunde die Anzahl der in der Ausstellung befindlichen Besucher erfasst.

Zeit	10^{00}	11^{00}	12^{00}	13^{00}	14^{00}	15^{00}	16^{00}
anwesende Besucher	0	30	80	130	110	70	0

Ingesamt sind an diesem Tag 280 Besucher in der Ausstellung gewesen. Wie groß ist die mittlere Verweildauer der Besucher?

4.2   Einfache Verfahren der Trend- und Saisonermittlung

4.2.1   Berechnen Sie für die folgende Zeitreihe gleitende Durchschnitte 3. und 4. Ordnung.

t	1	2	3	4	5	6	7	8
x_t	10	18	14	16	24	20	22	30

4.2.2   Gegeben ist die folgende Zeitreihe:

t	1	2	3	4	5	6	7	8	9	10	11	12
x_t	10	12	8	14	14	16	12	18	18	20	16	22

Bestimmen Sie gleitende Durchschnitte 4. Ordnung.

4.2.3   Gegeben seien folgende Umsätze eines Einzelhandelsgeschäfts für die Monate eines Jahres (Angaben in 1.000 EUR):

t	Jan	Feb	Mrz	Apr	Mai	Jun	Jul	Aug	Sep	Okt	Nov	Dez
x_t	47	51	46	47	48	43	44	45	40	41	42	37

Bestimmen Sie gleitende Durchschnitte 3. Ordnung.

4.2.4   Eine Zeitreihe soll von Saisonschwankungen bereinigt werden. Welche Aussagen über gleitende Durchschnitte sind dann richtig?
a) Mit gleitenden Durchschnitten 3. Ordnung können nur Zufallsschwankungen, aber keine Saisonschwankungen bereinigt werden.
b) Mit gleitenden Durchschnitten möglichst großer Ordnung werden die Saisonschwankungen am besten bereinigt.
c) Die Ordnung des gleitenden Durchschnitts hat keinen Einfluss auf die Glättung der Zeitreihe, beeinflusst aber den Rechenaufwand.
d) Falls die Saison eine Zykluslänge von m Einheiten hat, sollte ein gleitender Durchschnitt m-ter Ordnung zur Bereinigung von Saisonschwankungen herangezogen werden.
e) Ist der Saisonzyklus nur 3 Einheiten lang, so glättet ein gleitender Durchschnitt 3. Ordnung nicht nur Zufallsschwankungen, sondern auch die Saisoneinflüsse.

4.2.5 Der Umsatz eines Unternehmens entwickelte sich in sieben aufeinanderfolgenden Jahren wie folgt:

Jahr	1	2	3	4	5	6	7
Umsatz in Mio. EUR	8	13	15	17	18	20	21

Bestimmen Sie gleitende Durchschnitte 3. und 4. Ordnung.

4.2.6 Von einem Produkt sind Absatzzahlen in Form von Quartalswerten gegeben. Der Absatz des Produktes weist eine jährlich wiederkehrende saisonale Schwankung auf. Zur Trendermittlung sollen gleitende Durchschnitte k-ter Ordnung berechnet werden. Welcher Wert ist für k zu wählen?

4.2.7 In einer Großstadt im Ruhrgebiet, in der Ende 1993 die Kohleförderung eingestellt wurde, hat sich die Bevölkerung wie folgt entwickelt:

Jahr	1988	1989	1990	1991	1992	1993	1994	1995	1996	1997	1998
Einw. in 1000	130	140	152	165	177	188	200	206	209	214	221

Bestimmen Sie eine zur Prognose geeignete Trendfunktion nach dem Kriterium der kleinsten Quadrate und prognostizieren Sie die Bevölkerung für 2006.

4.2.8 Die graphische Darstellung der Bevölkerungsentwicklung einer Großstadt ergibt folgendes Bild:

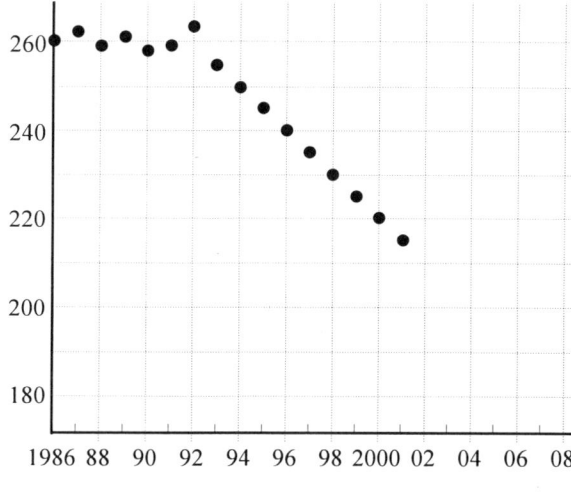

Bestimmen Sie eine zur Prognose geeignete Trendfunktion nach dem Kriterium der kleinsten Quadrate und prognostizieren Sie die Bevölkerung für 2008.

4.2.9 In dem nebenstehenden Schaubild sind die Zeitreihenwerte eines Merkmals X dargestellt sowie die Kurven der gleitenden Durchschnitte 3., 6. und 9. Ordnung. Ordnen Sie die Kurven den jeweiligen Ordnungen zu.

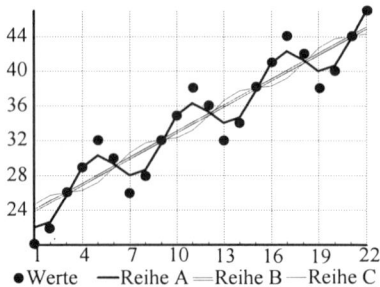

4.2.10 Gegeben ist folgende Zeitreihe:

t	1	2	3	4	5	6	7
x_t	8	6	10	12	11	14	16

a) Bestimmen Sie gleitende Durchschnitte 4. Ordnung.
b) Wie lautet die additive Saisonkomponente für $t = 4$?

4.2.11 Welche der folgenden Aussagen treffen zu?
a) Eine KQ-Trendfunktion ist für Trendprognosen geeignet.
b) Eine KQ-Trendfunktion ist um so besser zur Beschreibung einer Zeitreihe geeignet, je kleiner die Varianz der Residuen ist.
c) Die Berechnung gleitender Durchschnitte dient nur der Bestimmung saisonaler Schwankungen.
d) Eine Zeitreihe wird durch gleitende Durchschnitte um so stärker geglättet, je größer die Ordnung der gleitenden Durchschnitte ist.
e) Die Berechnung gleitender Durchschnitte dient der Ausschaltung periodischer Schwankungen und der Restschwankungen.

4.3 Exponentielle Glättung

4.3.1 Gegeben sind Zeitreihenwerte x_t und exponentiell geglättete Werte $\hat{x}_t$ ($\alpha = 0,5$).

t	1	2	3	4	5
x_t	5	10	6	7	
$\hat{x}_t$	7	6	8		

a) Bestimmen Sie exponentiell geglättete Prognosen mit $\alpha = 0,5$.
b) Wie muss man α verändern, um eine bessere Anpassung an die Schwankungen der Zeitreihe zu erreichen?

4.3.2   Gegeben sind folgende Werte einer Zeitreihe:

t	1	2	3	4	5	6
x_t	12	14	16	18	20	22

Berechnen Sie mit den Anfangswerten $\hat{x}_1 = 12$, $\hat{\hat{x}}_1 = 12$ exponentiell geglättete Werte 1. und 2. Ordnung für $\alpha = 0{,}1$ und $\alpha = 0{,}5$, und Prognosewerte x_t^* für $\alpha = 0{,}1$ und $\alpha = 0{,}5$.

4.3.3   In der folgenden Tabelle sind exponentiell geglättete Werte ($\alpha = 0{,}2$) gegeben. Allerdings fehlen einige Werte. Für alle folgenden Berechnungen soll auf eine Nachkommastelle gerundet werden.

t	0	1	2	3	4	5
$\hat{x}_t$	10	10,8		12,7	14,5	16,7
$\hat{\hat{x}}_t$	10	10,2	10,5		11,6	12,6
x_t^*	–	–	11,6	13	14,9	18,3

a) Berechnen Sie die fehlenden Werte (schraffierte Felder).
b) Berechnen Sie den Prognosewert x_6^*.
c) Ist der Zeitreihenwert x_4 berechenbar? Wenn ja, geben Sie ihn an.

4.3.4   Gegeben seien folgende Werte einer Zeitreihe:

t	1	2	3	4	5	6
x_t	14	10	10	16	12	12

Berechnen Sie exponentiell geglättete Werte 2. Ordnung für $\alpha = 0{,}1$ und $\alpha = 0{,}5$ und Prognosewerte x_t^* (Anfangswerte $\hat{x}_1 = 12$, $\hat{\hat{x}}_1 = 12$).

4.3.5   Welche der folgenden Aussagen über Exponentielle Glättung erster Ordnung sind richtig?
a) Ein Trend wird mit einer systematischen Verzerrung prognostiziert.
b) Exponentielle Glättung erster Ordnung eignet sich für die Prognose zyklischer Schwankungen.
c) Es wird ein gewogenes arithmetisches Mittel aus dem letzten Prognosewert und dem letzten Beobachtungswert berechnet.
d) Es wird ein arithmetisches Mittel aus den beiden letzten Beobachtungswerten berechnet.
e) Exponentielle Glättung erster Ordnung eignet sich für die Prognose eines linearen Trends.

4.3.6   Ein Betrieb hat in 6 Monaten folgende Stückzahlen verkauft:

Monat	1	2	3	4	5	6
Verkauf	50	48	46	56	54	60

Mit Exponentieller Glättung erster Ordnung war für April ein Verkauf von $x_4^* = 48$ Stück prognostiziert worden.

Prognostizieren Sie den Verkauf für Juli (x_7^*) mit Exponentieller Glättung ($\alpha = 0{,}5$).

4.3.7   Welche Aussagen über die Exponentielle Glättung erster Ordnung sind richtig?

a) Es wird ein gewogenes arithmetisches Mittel aus den letzten beiden Beobachtungswerten bestimmt.

b) Exponentielle Glättung erster Ordnung eignet sich vor allem für Trendprognosen.

c) Zyklische Schwankungen werden mit einer systematischen Verzerrung prognostiziert.

d) Exponentielle Glättung erster Ordnung liefert eine Exponentialfunktion für den Trend.

4.3.8   Kurzfristige Prognosen können mit Hilfe der Exponentiellen Glättung erster Ordnung bestimmt werden.

Warum eignet sich Exponentielle Glättung erster Ordnung nicht bei Zeitreihen mit einem linearen Trend und bei Zeitreihen mit saisonalen Schwankungen?

4.3.9   Mit Exponentieller Glättung erster Ordnung wurde die Prognose $x_{25}^* = 50$ ermittelt. Es ist $\alpha = 0{,}5$.

Nun wird nachträglich bekannt, dass x_{22}^* fehlerhaft war. Statt $x_{22}^{*\,alt} = 62$ muss es $x_{22}^{*\,neu} = 46$ heißen.

Wie ändert sich die Prognose?

4.3.10   Mit Exponentieller Glättung erster Ordnung wurde der Prognosewert $x_{10}^* = 50$ errechnet. Eine Prüfung ergibt, dass x_8 falsch war und der tatsächliche Wert nicht 40, sondern 30 betrug. Korrigieren Sie die Prognose ($\alpha = 0{,}2$).

4.3.11 Welche Aussagen über die Exponentielle Glättung erster Ordnung sind falsch?

a) Ein linearer Trend wird mit systematischer Verzerrung prognostiziert.

b) Exponentielle Glättung erster Ordnung eignet sich für die Prognose systematischer bzw. zyklischer Schwankungen.

c) Es wird ein gewogenes arithmetisches Mittel aus dem letzten Prognosewert und dem letzten Beobachtungswert berechnet.

d) Es wird ein linearer Trend prognostiziert.

5   Maßzahlen

5.1   Verhältniszahlen

5.1.1   Prüfen Sie für die folgenden Verhältniszahlen, ob sie ausreichend definiert sind, ob sie sinnvoll sind und diskutieren Sie eventuelle Probleme.

a) Bierverbrauch pro Kopf der Bevölkerung $= \dfrac{\text{Bierverbrauch in Liter pro Jahr}}{\text{Bevölkerung}}$

b) Herzinfarkte je Quadratkilometer $= \dfrac{\text{Herzinfarkte pro Jahr in Deutschland}}{\text{Fläche Deutschlands}}$

c) Säuglingssterblichkeit $= \dfrac{\text{gestorbene Säuglinge im Jahr } t}{\text{Lebendgeborene im Jahr } t}$

d) Werbeerfolgsziffer für Anzeigen $= \dfrac{\text{Umsatz im Jahr } t \text{ aufgrund von Anzeigen}}{\text{Kosten für Anzeigen im Jahr } t}$

e) Unfallhäufigkeit $= \dfrac{\text{Anzahl der Verkehrsunfälle}}{\text{km Straßenlänge}}$

5.1.2   Der Bierverbrauch pro Kopf der Bevölkerung für 2001 betrug in Niedersachsen 100 ℓ und in Bayern 150 ℓ. Welche Aussagen sind richtig?
a) In Bayern wird insgesamt mehr Bier getrunken als in Niedersachsen, da der Bierverbrauch pro Kopf höher ist.
b) Die Einwohner Bayerns trinken im Durchschnitt (der Gesamtbevölkerung) mehr Bier als die Niedersachsen.
c) Die Kennzahlen sind wertlos, da Antialkoholiker mit erfasst werden.
d) In Niedersachsen gibt es mehr Nicht-Biertrinker als in Bayern.

5.1.3   Die Anzahl der in Verkehrsunfälle verwickelten Kraftfahrzeuge für einen bestimmten Zeitraum soll für Länder mit sehr unterschiedlicher KFZ-Dichte (= Anzahl der Kraftfahrzeuge/Einwohnerzahl) vergleichbar gemacht werden. Es wird vorgeschlagen, die Anzahl der in Verkehrsunfälle verwickelten Kraftfahrzeuge zu beziehen auf die Anzahl der **a)** in dem Zeitraum von allen Kraftfahrern gefahrenen Kilometer; **b)** zugelassenen Kraftfahr-

5.1.4 In den Vorlesungen Statistik und Mathematik für Wirtschaftswissenschaftler werden folgende Hörerzahlen während der ersten zwei Semester-Monate gezählt:

Mathematik	98	90	105	102	108	95	90	88	80	82
Statistik	85	102	107	95	101	90	82	80	72	75

Prüfen Sie durch Bestimmung geeigneter Messzahlen, ob die beiden Reihen sich gleich entwickelt haben.

5.1.5 Bei den Erstmeldungen zur Führerscheinprüfung werden im allgemeinen 60% Männer und 40% Frauen registriert. In einer Kleinstadt konkurrieren die Fahrschulen Autowski (*A*) und Wehtowski (*W*). Durch die erste Fahrprüfung fallen 50% der Prüflinge aus der Fahrschule *A*, aber nur 30% der Prüflinge aus der Fahrschule *W*. Einer Statistik des FÜV (Fahrschul-Überwachungs-Verein) ist zu entnehmen, dass in den beiden Fahrschulen folgende Durchfallquoten registriert werden:

Durchfallquote	Frauen	Männer
Fahrschule *A*	20%	60%
Fahrschule *W*	25%	55%

a) Berechnen Sie aus den Angaben geeignete Maßzahlen zum Vergleich der Durchfallquoten beider Fahrschulen.
b) Woraus ist die Gesamtdurchfallquote von 50% bei *A* im Vergleich zu 30% bei W erklärbar?

5.1.6 Die KFZ-Dichte (= Anzahl KFZ/Einwohnerzahl) beträgt für Land Ö 0,18 und für Land D 0,25. Welche Folgerungen sind richtig?
a) Im Land D gibt es mehr Kraftfahrzeuge als im Land Ö.
b) Über die Anzahl der Kraftfahrzeuge in den Ländern kann man allein aus den KFZ-Dichten nichts aussagen.
c) In D besitzt im Durchschnitt etwa jeder 4. Einwohner ein Kraftfahrzeug.
d) Im Land Ö kommen auf jedes Kraftfahrzeug etwa 18 Einwohner.

5.1.7 Bei einer Firma für Elektrogeräte entfallen 20% der Produktion auf Haartrockner, 50% auf Kaffeemaschinen und 30% auf Rasierapparate. Defekte Geräte werden während der Garantiezeit (1 Jahr) grundsätzlich zum Hersteller zur Reparatur eingeschickt. Der Leiter der Reklamationsabteilung hat nun festgestellt, dass die Reklamationsquote (Anteil reklamierter Geräte an den ausgelieferten Geräten in der Garantiezeit) beim Kaufhaus K 30%, beim Fachgeschäft F dagegen nur 15% beträgt. Er schlägt daraufhin dem Vertriebsleiter vor, das Kaufhaus K wegen offensichtlich schlechter Beratung und reklamationsfreudiger Kunden nicht weiter zu beliefern. Folgende Detailinformationen über die Reklamationsquoten liegen vor:

	Haartrockner	Rasierer	Kaffeemaschinen
Kaufhaus K	10%	10%	40%
Fachgeschäft F	8%	7%	45%

a) Berechnen Sie aus den Angaben geeignete Maßzahlen zum Vergleich der Reklamationsquoten von Kaufhaus und Fachgeschäft.
b) Ist der Vorschlag des Leiters der Reklamationsabteilung gerechtfertigt?

5.1.8   Ein Autohändler hat im Januar 24 Autos verkauft. Leider hat er die Unterlagen für die folgenden 4 Monate verloren. Da unser Autohändler nebenbei Statistik I besucht hat, kann er aufgrund einer Reihe von Messzahlen zur Basis Januar die genauen Stückzahlen bestimmen. Wieviel Autos hat er in den Monaten Februar, März, April und Mai verkauft?

Monate	Januar	Februar	März	April	Mai
Messzahlen	100	150	133,3	166,7	200

5.2   Indexzahlen

5.2.1   Der Freund Willi des Studenten Paul leistet sich keinen eigenen Kleinwagen, sondern benutzt Bundesbahn (DB) und Straßenbahn (SB) für seine tägliche Fahrt zur Uni. Für die Jahre 2000, 2001 und 2002 hat Willi (26. Semester Politik- und Sozialwissenschaften) die Anzahl seiner Fahrten und die Fahrpreise (in EUR) notiert:

	2000		2001		2002	
	DB	SB	DB	SB	DB	SB
Fahrtenzahl	300	200	200	200	100	200
Fahrpreis	1,00	0,50	1,50	0,80	2,40	1,00

a) Berechnen Sie den Preisindex nach LASPEYRES für 2002 zur Basis 2000.
b) Berechnen Sie den Preisindex nach PAASCHE für 2002 zur Basis 2000.
c) Wie lässt sich in **a)** ein mittlerer jährlicher Anstieg des Preisindex berechnen?

5.2.2 Die Tochter des Bauern B. hat sich die Preise für Eier und Hühner der Jahre 2001 und 2002 notiert. Außerdem hat sie sich die gekauften Mengen des Jahres 2000 aufgeschrieben.

	Preise 2001	Preise 2002	Mengen 2000
Eier	0,20	0,22	150 Stück
Hühner	10,00	11,00	20 Stück

a) Berechnen Sie (falls möglich) einen Preisindex für 2002 zur Basis 2001.
b) Kann in dem vorliegenden Fall ein Preisindex nach FISHER berechnet werden? Wenn ja, berechnen Sie diesen Preisindex.

5.2.3 In einem fernen Land soll zum Beweis der Leistungsfähigkeit der Wirtschaft bei der Versorgung der werktätigen Bevölkerung mit drei wichtigen Industrieerzeugnissen ein Mengenindex aus folgenden Daten berechnet werden (Menge in 1000 Stück; Preise in US $):

Jahr	Autos (1000 cm³)		Kühlschränke (150 ℓ)		WC-Sitze (30 cm $\varnothing$)	
	Menge	Preis	Menge	Preis	Menge	Preis
1994	50	20.000	100	1000	250	40
2002	60	20.000	110	900	550	50

Man berechnet:

$$I^{2002}_{1994} = \frac{\text{Mengensumme 2002}}{\text{Mengensumme 1994}} = \frac{60+110+550}{50+100+250} = \frac{720}{400} = 1,8 \mathrel{\hat{=}} 180\%$$

a) Welchen Fehler hat man gemacht? (Antwort in Stichworten.)
b) Wie lautet der Mengenindex nach LASPEYRES für 2002 zur Basis 1994.

5.2.4 Aus einer Preis- und Mengenerhebung von fünf Gütern in den Jahren 1988 und 1998 war ein LASPEYRES-Preisindex von 143% errechnet worden. Als zum Vergleich der PAASCHE-Preisindex ermittelt werden soll, stellt sich heraus, dass die ursprünglichen Preis- und Mengenwerte nicht mehr vorhanden sind. Es gibt jedoch folgende Tabelle der Ausgaben (DM):

i	$q_i^{1988} \cdot p_i^{1988}$	$q_i^{1988} \cdot p_i^{1998}$	$q_i^{1998} \cdot p_i^{1988}$	$q_i^{1998} \cdot p_i^{1998}$
1	10	30	10	30
2	20	40	30	60
3	140	200	140	200
4	120	140	180	210
5	60	90	40	60

Bestimmen Sie den PAASCHE-Index.

5.2.5 Gegeben seien folgende Daten:

	Verbrauch 2003: q_1	Preis 2002: p_0	Preis 2003: p_1
Zucker	50 ME	10 EUR/ME	16 EUR/ME
Mehl	60 ME	10 EUR/ME	20 EUR/ME
Milch	30 ME	30 EUR/ME	30 EUR/ME

Es gibt nur eine Möglichkeit, mit diesen Daten einen Preisindex für 2003 zu berechnen.
a) Welcher Index ist das?
b) Berechnen Sie den Preisindex für 2003.
c) Warum ist die berechnete Form des Index nur bedingt für zwischenzeitliche Vergleiche geeignet?

5.2.6 Zwei statistische Jahrbücher geben für den Preisindex der Lebenshaltungskosten folgende, voneinander abweichende Zahlen an:

Jahr	1998	1999	2000	2001	2002
Jahrbuch A	95	100	115	133,33	
Jahrbuch B	71,25	75	86,25	100	105

a) Begründen Sie, warum sich die Reihen voneinander unterscheiden.
b) Ergänzen Sie für das Jahr 2002 die Reihe des Jahrbuchs A.

5.2.7 Welche Aussagen über einen Preisindex für die Lebenshaltungskosten sind richtig?
a) Man hat ein gewogenes arithmetisches Mittel aus Preismesszahlen.
b) Es handelt sich um ein gewogenes arithmetisches Mittel aus Preisen.
c) Es handelt sich um das Verhältnis von zwei gewogenen arithmetischen Mittelwerten aus Preisen.
d) Ein Index von 100 bedeutet, dass sich kein Preis verändert hat.

5.2.8 Gegeben sind folgende Daten über Preise und Verbrauchsmengen:

	Preis 2000	Preis 2002	Verbrauch 2002
Kartoffelchips	1,00 EUR/Tüte	1,50 EUR/Tüte	50 Tüten
Erdnüsse	6,00 EUR/kg	9,00 EUR/kg	7 kg
Bier	2,80 EUR/ℓ	4,20 EUR/ℓ	150 ℓ

a) Berechnen Sie einen Preisindex für 2002 zur Basis 2000 nach PAASCHE.
b) Ist es auch möglich, mit den gegebenen Daten andere Preisindizes als den nach PAASCHE zu bestimmen? Falls ja, welche Preisindizes wären das?

5.2.9 Der Preisindex nach LASPEYRES für die Lebenshaltungskosten hat sich in den Jahren 1991 bis 1999 folgendermaßen entwickelt:

Jahr	1991	1992	1993	1994	1995	1996	1997	1998	1999
Index	96,7	100	105,3	111,1	118,8	127,1	134,7	140,8	146,6

Welche der nachstehenden Aussagen sind richtig?

a) Die Steigerung der durchschnittlichen Lebenshaltungskosten im Jahr 1994 bezogen auf 1993 hatte den gleichen prozentualen Wert wie die Steigerung im Jahr 1999 bezogen auf 1998, denn es ist
$$111,1 - 105,3 = 5,8 = 146,6 - 140,8.$$

b) Die Steigerung der durchschnittlichen Lebenshaltungskosten im Jahr 1996 bezogen auf 1991 betrugen 31,4%, denn es ist
$$\left(\frac{127,1}{96,7}\right) \cdot 100 = 131,4 \cong 31,4\%.$$

c) Im Jahr 1992 waren die Kosten für die Lebenshaltung im Durchschnitt um 100% höher als zu Beginn der statistischen Berechnung.

d) Der Preisindex ist ein gewogenes arithmetisches Mittel aus Preisen.

e) Der Preisindex nach LASPEYRES ist ein gewogenes arithmetisches Mittel aus Preisverhältnissen mit Gewichten aus der Basisperiode.

f) Der Preisindex nach LASPEYRES ist das Verhältnis zweier gewogener arithmetischer Mittel von Preisen aus einer Berichts- und einer Basisperiode. Die Gewichte entsprechen den Mengen in der Basisperiode.

5.2.10 In einem Haushalt wurden im Januar 2002 und im Januar 1999 jeweils 4 Güter zu folgenden Mengen verbraucht:

	Januar 2002		Januar 2003	
	Menge	Preis in EUR/ME	Menge	Preis in EUR/ME
Gut A	50 ℓ	2,0	84 ℓ	1,0
Gut B	10 kg	0,5	15 kg	0,5
Gut C	20 Stck	0,2	25 Stck	0,3
Gut D	0,7 ℓ	30	2,0 ℓ	35

a) Berechnen Sie einen Lebenshaltungskostenindex nach LASPEYRES für Januar 2003 zur Basis Januar 2002.

b) Berechnen Sie die prozentuale Änderung der Ausgaben für die Lebenshaltung von Januar 2002 bis Januar 2003. Ausgaben für die Lebenshaltung in der Periode t sind definiert als: (verbrauchte Menge in t) × (Preis in t).

c) Wie ist es zu erklären, dass die Ausgaben für die Lebenshaltung gestiegen sind, während der Preisindex aber kleiner als 1 ist?

5.2.11 1992 seien alle Mengen halb so hoch wie 2002. Kann man mit dieser Angabe einen Mengenindex für 2002 zur Basis 1992 **a)** nach LASPEYRES, **b)** nach PAASCHE bestimmen? Falls ja, wie groß ist der Index?

5.2.12 Für n Güter kennt man den Umsatz im Basisjahr und das Verhältnis der Mengen des Berichtsjahres zu den Mengen des Basisjahres. Welchen Index kann man aus diesen Angaben berechnen?

5.2.13 Welche der Aussagen über Indizes treffen zu?

a) Ein Preisindex ist ein gewogenes arithmetisches Mittel aus Preismesszahlen.

b) Ohne Mengenangaben kann ein Preisindex nicht berechnet werden.

c) Wenn ein für 2 Güter berechneter Preisindex den Wert 2 hat und sich ein Preis verdoppelt und der andere halbiert hat, dann sind die beiden Mengen gleich groß.

d) Wenn sich bei einem für 2 Güter berechneten Preisindex ein Preis verdoppelt und der andere halbiert hat, nimmt der Index den Wert 1 bzw. 100% an, wenn von beiden Gütern gleiche Mengen verbraucht werden.

e) Ein Preisindex für 2002 zur Basis 1997 von $I = 130$ bedeutet, dass die Preise pro Jahr durchschnittlich um 6% gestiegen sind.

5.3 Konzentrationsmessung

5.3.1 In einer Großstadt mit 100.000 Familien haben 10.000 Familien ein Vermögen von je 500.000 EUR. Die übrigen Familien haben kein Vermögen. Wie groß ist das LORENZsche Konzentrationsmaß?

5.3.2 Eine Industriegewerkschaft will sich einen Überblick über die Einkommenslage ihrer $N = 500.000$ Mitglieder verschaffen und befragt zu diesem Zweck $n = 500$ zufällig ausgewählte Mitglieder nach ihrem effektiven Bruttolohn pro Woche. Das Ergebnis ist in folgender Tabelle festgehalten:

Bruttolohn in EUR	bis unter 400	400 bis unter 800	800 bis unter 1.200	1.200 bis unter 1.600	1.600 bis unter 2.000
Anzahl Mitglieder	75	100	100	200	25

Zeichnen Sie die Konzentrationskurve (LORENZkurve) und bestimmen Sie das Konzentrationsmaß. Als Durchschnittslohn innerhalb der Klassen ist die jeweilige Klassenmitte zu wählen.

6   Wahrscheinlichkeitsrechnung

6.0.1   Geben Sie zu den folgenden Zufallsexperimenten die Ereignis-räume an.

a) Werfen von zwei Würfeln.

b) Ziehen einer Kugel aus einer Urne mit roten, schwarzen und grünen Kugeln.

6.0.2   In einer Urne befinden sich 3 rote und 2 grüne Kugeln. Geben Sie den Ereignisraum für den Fall an, dass **a)** eine, **b)** zwei Kugeln zufällig aus der Urne entnommen werden.

6.0.3   Eine Münze wird zufällig geworfen. Bei Kopf wirft man die Münze ein zweites Mal. Bei Zahl wirft man einmal einen Würfel.

a) Geben Sie sämtliche Elemente des Ereignisraums an.

b) Beschreiben Sie das Ereignis A „Die Augenzahl des Würfels ist kleiner als 4." mit Hilfe der zugehörigen Elementarereignisse.

c) Geben Sie die Elemente des Ereignisraums an, die dem Ereignis B „Es wird zweimal Zahl geworfen." entsprechen.

6.0.4   Eine Münze wird dreimal geworfen. Erläutern Sie an diesem Beispiel die folgenden Begriffe:

a) Zufallsexperiment,   **b)** Elementarereignis,

c) zusammengesetztes Ereignis,   **d)** Ereignisraum,

e) Wahrscheinlichkeit.

6.0.5   Ein Ereignisraum Ω enthält 4 Elementarereignisse ω_1, ω_2, ω_3 und ω_4 mit $\Omega = \{\omega_1, \omega_2, \omega_3, \omega_4\}$. Welche der folgenden drei Funktionen **P** definieren eine Wahrscheinlichkeit auf Ω?

a) $\mathbf{P}(\omega_1) = \dfrac{1}{2}$, $\mathbf{P}(\omega_2) = \dfrac{1}{3}$, $\mathbf{P}(\omega_3) = \dfrac{1}{4}$, $\mathbf{P}(\omega_4) = \dfrac{1}{5}$

b) $\mathbf{P}(\omega_1) = \dfrac{1}{2}$, $\mathbf{P}(\omega_2) = \dfrac{1}{4}$, $\mathbf{P}(\omega_3) = -\dfrac{1}{4}$, $\mathbf{P}(\omega_4) = \dfrac{1}{2}$

c) $\mathbf{P}(\omega_1) = \dfrac{1}{2}$, $\mathbf{P}(\omega_2) = \dfrac{1}{4}$, $\mathbf{P}(\omega_3) = \dfrac{1}{8}$, $\mathbf{P}(\omega_4) = \dfrac{1}{8}$

6.0.6   Gegeben sei eine Menge $R = \{\emptyset, \Omega, A, B, C\}$ von Ereignissen, die sich nicht gegenseitig ausschließen müssen. Es sei $A \cup B \cup C = \Omega$. Welche der folgenden Funktionen **P** erfüllen die Axiome von KOLMOGOROFF nicht?

a) $P(A) = \frac{1}{4}$, $P(B) = \frac{1}{4}$, $P(A \cap B) = \frac{2}{3}$, $P(C) = \frac{5}{8}$

b) $P(A \cup B) = \frac{1}{2}$, $P(C) = \frac{1}{2}$

c) $P(A) = \frac{1}{2}$, $P(B) = \frac{1}{2}$, $P(C) = \frac{1}{2}$

d) $P(A) = \frac{1}{4}$, $P(B) = \frac{1}{4}$, $P(C) = \frac{1}{4}$

6.0.7   In einem Statistik-Lehrbuch für Pädagogen ist das dritte Axiom von KOLMOGOROFF wie folgt angegeben:

> Gibt es eine abzählbare Menge von Ereignissen ($A_1, A_2, ..., A_n$) und schließen sich alle diese Ereignisse gegenseitig aus, gilt also $P(A_1 \cap A_2 \cap ... \cap A_n) = \emptyset$, dann gilt $P(A_1 \cup A_2 \cup ... \cup A_n) = P(A_1) + P(A_2) + ... + P(A_n)$.

Welche der folgenden Aussagen sind richtig?

a) Das Axiom ist richtig angegeben.

b) Das Axiom ist falsch angegeben, weil man es nur für zwei Ereignisse und nicht für n Ereignisse definieren darf.

c) Das Axiom ist falsch, weil man statt $P(A_1 \cap A_2 \cap ... \cap A_n) = \emptyset$ fordern muss $A_i \cap A_j = \emptyset$ für alle i,j $= 1,...,n; i \neq j$.

d) Das Axiom ist überflüssig, da $P(A_1 \cup A_2 \cup ... \cup A_n) = P(A_1) + P(A_2) + ... + P(A_n)$ immer gilt.

6.0.8   Welche der folgenden Zuordnungen **P** von reellen Zahlen zu sich nicht notwendig gegenseitig ausschließenden Ereignissen A, B, C erfüllen die Voraussetzungen einer Wahrscheinlichkeit auf $R = A \cup B \cup C$?

a) $P(A) = \frac{1}{2}$, $P(B) = \frac{3}{4}$, $P(C) = \frac{3}{2}$;   **b)** $P(A) = \frac{1}{2}$, $P(B) = \frac{1}{4}$, $P(C) = \frac{1}{8}$:

c) $P(A) = 1$, $P(B) = \frac{1}{2}$, $P(C) = \frac{3}{4}$;   **d)** $P(A) = \frac{1}{4}$, $P(B) = \frac{1}{4}$, $P(C) = \frac{1}{2}$;

e) $P(A) = \frac{1}{4}$, $P(B) = -\frac{1}{4}$, $P(C) = 1$;   **f)** $P(A) = \frac{1}{2}$, $P(B) = \frac{1}{2}$, $P(C) = \frac{1}{4}$.

6.0.9 Ein Student besucht täglich eine von drei Freundinnen, die in den Orten A, B und C wohnen. Er trifft dazu zu einem zufälligen, zwischen 14.00 und 16.00 Uhr liegenden Zeitpunkt am Bahnhof seiner Universitätsstadt ein und nimmt jeweils den nächsten Zug, der zu einem der drei Orte abgeht. (Seine Ankunftszeiten am Bahnhof sind gleichmäßig über den obigen Zeitraum verteilt.) Wie groß sind die Besuchswahrscheinlichkeiten für die drei Orte, wenn folgender Fahrplan besteht?
Züge nach A: 14.10 und 15.10 Uhr; Züge nach B: 14.30 und 15.30 Uhr; Züge nach C: 15.00 und 16.00 Uhr.

6.0.10 Jemand hat zwei Kinder. Die Geburtswahrscheinlichkeit für Knaben und Mädchen sei je 0,5. Knaben- und Mädchengeburten seien unabhängig voneinander. Wie groß ist die Wahrscheinlichkeit, dass beide Kinder Jungen sind, wenn **a)** keine sonstigen Angaben vorliegen; **b)** bekannt ist, dass ein Kind ein Junge ist; **c)** bekannt ist, dass das älteste Kind ein Junge ist.

6.0.11 Was gilt für die Wahrscheinlichkeit beliebiger Ereignisse A und B?
a) $\mathbf{P}(A \cup B) = \mathbf{P}(A) + \mathbf{P}(B)$
b) $0 < \mathbf{P}(A) < 1$
c) $\mathbf{P}(A \cup B) = \mathbf{P}(A) + \mathbf{P}(B) - \mathbf{P}(A \cap B)$
d) $0 \le \mathbf{P}(A) \le 1$

6.0.12 Bei der Herstellung eines Produkts treten die beiden Fehler „nicht maßhaltig" (M) und „nicht funktionsfähig" (F) mit Wahrscheinlichkeiten von 0,1 bzw. 0,15 auf. Beide Fehler treten gleichzeitig mit der Wahrscheinlichkeit 0,05 auf. Ein Produkt ist nur dann verkäuflich, wenn es keinen der beiden Fehler besitzt. Mit welcher Wahrscheinlichkeit ist ein Produkt verkäuflich?

6.0.13 Automobile eines bestimmten Typs weisen bei der Endprüfung zwei Arten von Fehlern auf: Zu niedriger Reifendruck (mit einer Wahrscheinlichkeit von $\mathbf{P}(A) = 0,3$) und zu wenig Kühlwasser (mit einer Wahrscheinlichkeit von $\mathbf{P}(B) = 0,1$). Beide Fehler gemeinsam treten mit einer Wahrscheinlichkeit von $\mathbf{P}(A \cap B) = 0,05$ bei einem Auto auf. Wie groß ist die Wahrscheinlichkeit, dass ein Auto keinen Fehler aufweist?

6.0.14 Es wird ein roter und ein grüner Würfel geworfen. Wie groß ist die Wahrscheinlichkeit, dass **a)** die Augensumme X wenigstens 3 beträgt, **b)** die Augensumme X kleiner oder gleich 4 ist, unter der Bedingung, dass der rote Würfel die Augenzahl $Y = 2$ zeigt?

6.0.15 Eine Fernsehsendung, die jede Woche einmal ausgestrahlt wird, wurde auf ihre Resonanz bei verheirateten Männern und Frauen untersucht. Es hat sich ergeben, dass 40% der Männer und 50% der Frauen die Sendung regelmäßig sehen. Gehört eine Frau zu den regelmäßigen Zuschauern der Sendung, so beträgt die Wahrscheinlichkeit 0,7, dass auch ihr Mann sich die Sendung anschaut.
Bestimmen Sie die Wahrscheinlichkeit dafür, dass
a) beide Ehepartner die Sendung regelmäßig verfolgen,
b) eine Frau sich die Sendung regelmäßig anschaut, wenn ihr Mann regelmäßiger Zuschauer ist,
c) wenigstens einer der beiden Ehepartner die Sendung regelmäßig sieht.

6.0.16 Ein Kraftfahrzeugmeister weiß aus langjähriger Erfahrung, dass 25% der in seine Werkstatt gegebenen Kraftwagen einen Ölwechsel benötigen (Ereignis A). Bei 40% der Wagen muss der Ölfilter ausgetauscht werden (Ereignis B). Bei 18% der Wagen muss sowohl ein Öl- als auch ein Filterwechsel vorgenommen werden. Ein Kunde bringt ihm einen Wagen, weil das Öl erneuert werden muss.
Wie groß ist die Wahrscheinlichkeit, dass auch der Filter ersetzt werden muss?

6.0.17 In einer Urne befinden sich 15 Kugeln. 10 Kugeln sind rot, von denen sind vier mit einem A und die übrigen mit einem B beschriftet. Unter den 5 grünen Kugeln tragen vier den Buchstaben B und einer ein A. Es wird eine Kugel gezogen, die den Buchstaben A trägt.
Wie groß ist die Wahrscheinlichkeit, dass diese Kugel rot ist?

6.0.18 Aus den Ziffern 1, 2, ..., 9 werden zufällig zwei Ziffern gezogen. Wie groß ist die Wahrscheinlichkeit, dass beide Ziffern ungerade sind (U), wenn ihre Summe gerade ist (G)?

6.0.19 Es ist bekannt, dass 25% der Kunden einer Tankstelle Super verlangen. 10% aller Kunden tanken Super und bezahlen mit einer Scheckkarte.
Wie groß ist die Wahrscheinlichkeit, dass ein Kunde, der Super tankt (S), mit einer Scheckkarte (K) bezahlt?

6.0.20 Beim einmaligen Werfen eines Würfels werden die folgenden Ereignisse betrachtet:
A: Die Augenzahl ist gerade. B: Die Augenzahl ist kleiner als 4.
C: Die Augenzahl ist 1 oder 5.

Welche Aussagen über die Ereignisse A, B und C sind richtig?

a) A und B sind unabhängig;

b) A und C sind nicht unabhängig;

c) B und C sind nicht unabhängig.

6.0.21 Statistiken weisen aus, dass 5% der Männer, aber nur 0,25% der Frauen farbenblind sind. Wenn B. Gantenbein farbenblind ist, wie groß ist die Wahrscheinlichkeit, dass es Bruno ist und nicht Brunhilde? (Es ist davon auszugehen, dass es genausoviel Männer wie Frauen gibt.)

6.0.22 Von einer zweidimensionalen Wahrscheinlichkeitsverteilung der diskreten Zufallsvariablen X und Y sind folgende Angaben bekannt:

$$f_{XY}(x_1; y_1) = 0,2; \quad f_Y(y_1|x_1) = \tfrac{2}{3}; \quad f_Y(y_1) = f_Y(y_2); \quad f_Y(y_j|x_1) = f_Y(y_j|x_3)$$

für $j = 1, 2$.

Außerdem weiß man, dass es insgesamt 6 Paare (x_i, y_i) mit von Null verschiedenen Wahrscheinlichkeiten gibt. Wie lautet die Verteilung?

6.0.23 Bei einem Auto fällt innerhalb einer Woche die Batterie mit einer Wahrscheinlichkeit von 0,2, die Bremsen mit einer Wahrscheinlichkeit von 0,1 und der Antrieb mit einer Wahrscheinlichkeit von 0,15 aus. Wie groß ist bei Unabhängigkeit der Ereignisse die Wahrscheinlichkeit, dass in einer Woche keines der Aggregate ausfällt?

6.0.24 Mit einem Würfel werden drei Würfe durchgeführt. Bestimmen Sie die Wahrscheinlichkeit, dass die Augenzahl „1" **a)** genau einmal, **b)** genau zweimal, **c)** genau dreimal, **d)** mindestens zweimal gewürfelt wird.

6.0.25 Ein Tetraeder, dessen Flächen mit 1, 2, 3 und 4 bezeichnet sind, wird sechsmal geworfen. Wie groß ist die Wahrscheinlichkeit, dass der Tetraeder mindestens einmal auf die Fläche fällt, die mit „3" bezeichnet ist?

6.0.26 Das Wort MALAMA wird in Buchstaben zerschnitten und in eine Urne gegeben. Wie groß ist die Wahrscheinlichkeit, dass die Buchstaben in der Reihenfolge des Wortes gezogen werden, wenn **a)** ohne Zurücklegen gezogen wird, **b)** mit Zurücklegen gezogen wird?

6.0.27 Eine Münze wird 10-mal geworfen. Wie groß ist die Wahrscheinlichkeit, dass dabei höchstens 9-mal Zahl erscheint?

6.0.28 Franz würfelt mit einem Würfel und Oskar mit zwei Würfeln. Wie groß ist die Wahrscheinlichkeit, dass Oskar eine niedrigere Augensumme würfelt als Franz, wenn beide Ergebnisse unabhängig sind?

6.0.29 Zwei Studenten versuchen unabhängig voneinander, eine Aufgabe zu lösen, wobei jeder mit einer Erfolgswahrscheinlichkeit von 0,6 arbeitet. Wie groß ist die Wahrscheinlichkeit dafür, dass
a) wenigstens einer das richtige Ergebnis findet und
b) keiner das richtige Ergebnis findet?

6.0.30 Zwei Männer und drei Frauen bestreiten einen Schachwettkampf. Die Wahrscheinlichkeit, den Wettkampf zu gewinnen, ist für jeden Angehörigen desselben Geschlechts gleich. Jedoch hat ein Mann (M) eine doppelt so hohe Gewinnchance wie eine Frau (W).
a) Geben Sie die Wahrscheinlichkeit dafür an, dass eine Frau gewinnt.
b) Unter den Schachspielern ist ein Ehepaar. Wie groß ist dann die Wahrscheinlichkeit, dass einer von beiden den Wettkampf gewinnt?

6.0.31 Bei einer Lotterie ist jedes zweite Los eine Niete. Wieviel Lose muss jemand mindestens ziehen, um mit der Wahrscheinlichkeit 0,99 einen Gewinn zu haben?
(Die Lose werden unabhängig voneinander gezogen und man kann annehmen, dass unendlich viele Lose vorhanden sind.)

6.0.32 An einem Schießstand kann man 5 Gewehre ausleihen, bei denen die Wahrscheinlichkeiten für das Treffen einer Zielscheibe 0,5; 0,6; 0,7; 0,8; 0,9 betragen.
Bestimmen Sie die Wahrscheinlichkeit, dass ein einziger Schuss ein Treffer ist, wenn der Schütze willkürlich eines der Gewehre wählt.

6.0.33 In einer bestimmten Gruppe von Personen sind 4% der Männer (M) und 1% der Frauen (F) größer als 1,90 m (B). Ferner sind 60% der Personen Frauen. Man wählt eine Person zufällig aus und stellt fest, dass diese größer als 1,90 m ist. Wie groß ist die Wahrscheinlichkeit, dass die ausgewählte Person eine Frau ist?

6.0.34 Der Bauer B. hat u.a. 3 Hühner (Erna, Lisa und Moni). Erna ist seine Lieblingshenne, denn sie liefert durchschnittlich pro Jahr 40% des gesamten Eierergebnisses, während Lisa und Moni nur je 30% schaffen. Da die Eier ein Mindestgewicht haben müssen, gibt es einen gewissen Ausschuss (K). Bei Erna und Lisa beträgt er 3% und bei Moni 5%.
Wie groß ist die Wahrscheinlichkeit, dass ein zufällig ausgewähltes Ei
a) von Lisa stammt, **b)** zu klein ist, **c)** von Lisa stammt, wenn bekannt ist, dass es zu klein ist?

6.0.35 Eine vielgeplagte Hausfrau und Mutter hat Drillinge, drei Söhne, die kaum zu unterscheiden sind. Die Mutter hat allerdings im Lauf der Zeit einige Unterschiede bei ihren Söhnen in Bezug auf die von ihnen ausgeheckten Streiche festgestellt:

Wenn ihre drei etwas ausgefressen haben, ist Albert in 50%, August in 20% und Anton in 30% der Fälle der Anstifter gewesen.

Die Nachbarn haben eine Katze, die es den drei Knaben besonders angetan hat. In 30% der Fälle, in denen Albert der Anführer ist, ist die Katze das Opfer, bei August in 60% und bei dem etwas tierscheuen Anton in 10% der Fälle. Eines Tages kommt der Nachbar wütend herein, die Katze mit einer am Schwanz festgebundenen Blechdose auf dem Arm. Die Mutter greift sich den ihr am nächstenen stehenden Sohn August und gibt ihm eine Ohrfeige.

Mit welcher Wahrscheinlichkeit hat sie tatsächlich den Verantwortlichen bestraft?

7   Zufallsvariablen und Verteilungen

7.1   Wahrscheinlichkeitsverteilungen

7.1.1   Gegeben ist folgende Verteilungsfunktion:

$$F_X(x) = \begin{cases} 0 & \text{für} & x < 1 \\ 0,2 & \text{für} & 1 \leq x < 3 \\ 0,5 & \text{für} & 3 \leq x < 6 \\ 0,6 & \text{für} & 6 \leq x < 7 \\ 1 & \text{für} & 7 \leq x \end{cases}$$

Wie lautet die zugehörige Wahrscheinlichkeitsfunktion?

7.1.2   Gegeben ist die folgende diskrete Wahrscheinlichkeitsverteilung.

x_i	1	2	4	5
$f_X(x_i)$	$\frac{1}{3}$	$\frac{1}{6}$	$\frac{1}{4}$	$\frac{1}{4}$

a) Bestimmen Sie die Verteilungsfunktion.

b) Bestimmen Sie:
$P(0 \leq X < 4)$; $P(1 \leq X \leq 4)$; $P(1 < X < 4)$; $P(2 < X \leq 5)$.

7.1.3   Gegeben ist die Verteilungsfunktion einer diskreten Zufallsvariablen.

$$F_X(x) = \begin{cases} 0 & \text{für} & x < 2 \\ 0,1 & \text{für} & 2 \leq x < 3 \\ 0,3 & \text{für} & 3 \leq x < 4 \\ 0,6 & \text{für} & 4 \leq x < 6 \\ 0,7 & \text{für} & 6 \leq x < 8 \\ 0,9 & \text{für} & 8 \leq x < 9 \\ 1 & \text{für} & 9 \leq x \end{cases}$$

Bestimmen Sie

a) $P(3 < x < 6)$;   **b)** $P(4 < x < 5)$;

c) $P(2 \leq x \leq 6)$;   **d)** $P(6 < x \leq 9)$.

7.1.4 Gegeben ist die graphische Darstellung einer Verteilungsfunktion.

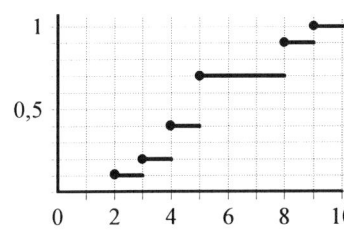

Bestimmen Sie:

a) $P(5 < X < 8)$;

b) $P(-1 < X < 9)$;

c) $P(X \leq 5)$;

d) $P(X = 10)$;

e) $P(X = 8)$.

7.1.5 Gegeben ist die graphische Darstellung einer Verteilungsfunktion.

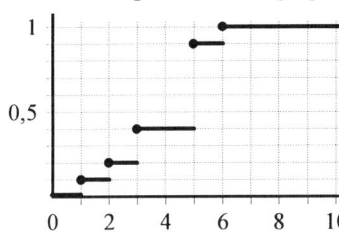

Bestimmen Sie:

a) $P(0 < X \leq 3)$;

b) $P(1 \leq X < 5)$;

c) $P(X = 4)$;

d) $P(X = 5)$;

e) $P(6 < X < 8)$.

7.1.6 Gegeben sei die folgende Funktion $f_X(x_j)$:

x_j	1	2	4	6
$f_X(x_j)$	$\dfrac{a}{6}$	$\dfrac{a}{4}$	$\dfrac{a}{12}$	a

a) Wie groß muss a sein, damit es sich um eine Wahrscheinlichkeitsverteilung handelt?

b) Bestimmen Sie die Verteilungsfunktion.

7.1.7 Gegeben sind folgende Funktionen:

a)
$$F_X(x) = \begin{cases} 0 & \text{für} & x < 0 \\ 0{,}5x & \text{für} & 0 \leq x < 2 \\ 1 & \text{für} & 2 \leq x \end{cases}$$

b)
$$F_Y(y) = \begin{cases} 0 & \text{für} & y \leq 0{,}5 \\ y^2 & \text{für} & 0{,}5 < y < 1 \\ 1 & \text{für} & 1 \leq y \end{cases}$$

Zeichnen Sie die Funktionen, prüfen Sie, ob es Verteilungsfunktionen sind, und bestimmen Sie gegebenenfalls die zugehörigen Dichtefunktionen.

7.1.8 Eine stetige Zufallsvariable X ist im Intervall $3 < x < 8$ gleichverteilt. Bestimmen Sie **a)** Dichtefunktion, **b)** Verteilungsfunktion und stellen Sie **c)** Dichte- und Verteilungsfunktion graphisch dar.

7.1.9   Gegeben ist folgende Funktion:
$$f(x) = \begin{cases} ax & \text{für} \quad 0 < x < 2 \\ 0 & \text{sonst} \end{cases}$$

a) Welchen Wert muss a annehmen, damit $f(x)$ als Dichtefunktion einer Wahrscheinlichkeitsverteilung aufgefasst werden kann?

b) Bestimmen Sie den Erwartungswert für die in Teil **a)** ermittelte Wahrscheinlichkeitsverteilung.

c) Bestimmen Sie die Wahrscheinlichkeit $\mathbf{P}(X \leq 1)$ für die in Teil **a)** ermittelte Wahrscheinlichkeitsverteilung.

7.1.10   Gegeben sei die folgende Funktion:
$$f(x) = \begin{cases} 3x^2 & \text{für} \quad 0 < x < a \\ 0 & \text{sonst} \end{cases}$$

Wie groß muss a sein, damit $f(x)$ Dichtefunktion einer Zufallsvariablen ist?

7.1.11   Bestimmen Sie zu folgender Dichtefunktion die Verteilungsfunktion.
$$f_X(x) = \begin{cases} \dfrac{x-1}{2} & \text{für} \quad 1 < x < 3 \\ 0 & \text{sonst} \end{cases}$$

7.1.12   Warum kann eine Dichtefunktion Werte größer als 1 annehmen, obwohl Wahrscheinlichkeiten immer kleiner oder gleich 1 sein müssen?

7.1.13   Welche der folgenden Funktionen können als Dichtefunktion einer stetigen Zufallsvariablen X aufgefasst werden?

a)
$$f(x) = \begin{cases} 0 & \text{für} \quad x \leq 0 \\ x^2 & \text{für} \quad 0 < x < 1 \\ 0 & \text{für} \quad 1 \leq x \end{cases}$$

b)
$$f(x) = \begin{cases} 0 & \text{für} \quad x \leq 0 \\ x & \text{für} \quad 0 < x < 1 \\ 0 & \text{für} \quad 1 \leq x \end{cases}$$

c)
$$f(x) = \begin{cases} 0 & \text{für} \quad x \leq c \\ \dfrac{1}{c} & \text{für} \quad c < x < 2c \\ 0 & \text{für} \quad 2c \leq x \end{cases} \qquad c \in \mathbb{R}, c > 0$$

7.1.14 Welche der im folgenden skizzierten Funktionen $f(x)$ können als Dichtefunktion einer stetigen Zufallsvariablen aufgefasst werden?

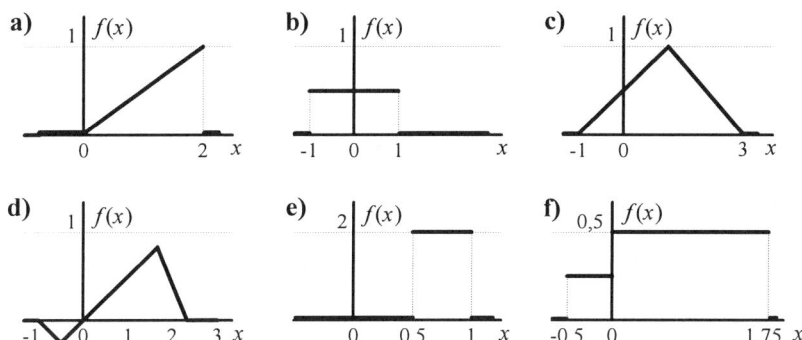

7.1.15 In der folgenden Skizze sind sechs Funktionen dargestellt. Geben Sie zu jeder Funktion an, ob sie Dichtefunktion, Verteilungsfunktion oder weder Dichte- noch Verteilungsfunktion einer stetigen Zufallsvariablen sein kann.

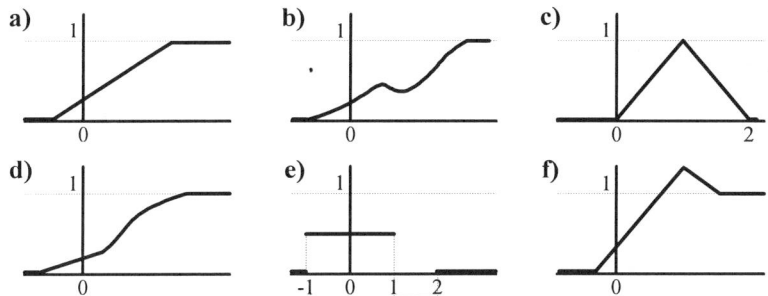

7.1.16 In der folgenden unvollständigen Tabelle ist eine diskrete Zufallsvariable X mit der Wahrscheinlichkeitsfunktion $f_X(x_j)$ und der Verteilungsfunktion $F_X(x_j)$ dargestellt. Ergänzen Sie die fehlenden Werte.

x_j	1	2	3	4	5	6	7
$f_X(x_j)$	0,1			0,3		0,2	
$F_X(x_j)$		0,3		0,6	0,7		

7.1.17 Gegeben ist die dargestellte Verteilungsfunktion.

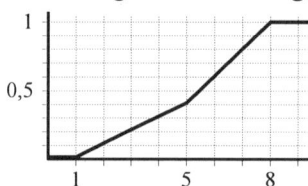

Bestimmen Sie:

a) $P(X \le 6)$;

b) $P(2 < X < 3$ oder $X \ge 7)$;

c) die Dichtefunktion.

7.2 Parameter von Wahrscheinlichkeitsverteilungen

7.2.1 Die diskrete Zufallsvariable X hat die Verteilung

x	0	1	2	4
$f_X(x)$	0,125	0,25	0,375	0,25

Berechnen Sie Erwartungswert und Varianz.

7.2.2 Gegeben ist eine stetige Zufallsvariable X. Die zugehörige Dichtefunktion lautet:

$$f_X(x) = \begin{cases} 0{,}5x - 1 & \text{für} \quad 2 < x < 4 \\ 0 & \text{sonst.} \end{cases}$$

Bestimmen Sie **a)** Verteilungsfunktion, **b)** Erwartungswert und **c)** Varianz.

7.2.3 Gegeben ist die folgende Dichtefunktion der stetigen Zufallsvariablen X:

$$f_X(x) = \begin{cases} 4x^3 & \text{für} \quad 0 < x < 1 \\ 0 & \text{sonst.} \end{cases}$$

Bestimmen Sie **a)** Verteilungsfunktion, **b)** $E(X)$, **c)** $P(0{,}1 < x \le 2)$.

7.2.4 Gegeben sei die Dichtefunktion

$$f_X(x) = \begin{cases} ae^{-ax} & \text{für} \quad 0 < x, \quad a > 0 \\ 0 & \text{sonst.} \end{cases}$$

Bestimmen Sie **a)** Verteilungsfunktion, **b)** Erwartungswert und **c)** Varianz.

7.2.5 Gegeben ist die Dichtefunktion einer Zufallsvariablen X:

$$f_X(x) = \begin{cases} \dfrac{x}{8} & \text{für} \quad 0 < x < 4 \\ 0 & \text{sonst.} \end{cases}$$

Bestimmen Sie Erwartungswert und Varianz von $Y = 2X - 2$.

7.2.6 Vom Flughafen bis zur Stadtmitte kostet die Fahrt mit einem Taxi EUR 60,- (unabhängig von der Anzahl der Reisenden). Die Anzahl der Reisenden, die gleichzeitig ein Taxi haben möchten, sei eine Zufallsvariable X mit folgender Wahrscheinlichkeitsverteilung:

x_i	1	2	3	4
$f_X(x_i)$	0,3	0,4	0,2	0,1

a) Wieviel Reisende fahren durchschnittlich mit einem Taxi? **b)** Bestimmen Sie den Erwartungswert $\mathbf{E}(Y)$ der Kosten Y pro Reisenden pro Fahrt.

7.2.7 Ein Eisverkäufer erzielt bei schönem Wetter einen Tagesgewinn von EUR 100,-, bei Regen von EUR 50,-, und bei Schneefall macht er EUR 70,- Verlust. Die Wahrscheinlichkeit für schönes Wetter sei $\mathbf{P}(S) = 0,5$ und für Regen $\mathbf{P}(R) = 0,3$.
Wie hoch ist der Erwartungswert des täglichen Gewinns für den Eisverkäufer?

7.2.8 Die Zufallsvariable X hat die Dichtefunktion

$$f_X(x) = \begin{cases} \dfrac{2}{3}(x+1) & \text{für} \quad 0 < x < 1 \\ 0 & \text{sonst.} \end{cases}$$

Bestimmen Sie **a)** Verteilungsfunktion, **b)** Erwartungswert und **c)** Varianz.

7.2.9 Gegeben ist folgende Dichtefunktion

$$f_X(x) = \begin{cases} 0,5x & \text{für} \quad 0 < x < 2 \\ 0 & \text{sonst.} \end{cases}$$

Bestimmen Sie **a)** Verteilungsfunktion, **b)** Erwartungswert und **c)** Varianz.

7.2.10 Gegeben ist folgende Verteilungsfunktion:

$$F_X(x) = \begin{cases} 0 & \text{für} \quad x < 1 \\ 0,5x^2 - 0,5x & \text{für} \quad 1 \leq x < 2 \\ 1 & \text{für} \quad 2 \leq x \end{cases}$$

Bestimmen Sie **a)** Dichtefunktion, **b)** Erwartungswert und **c)** Zentralwert.

7.2.11 Die Zufallsvariable X hat folgende Dichtefunktion:

$$f_X(x) = \begin{cases} 3x^2 & \text{für} \quad 0 < x < 1 \\ 0 & \text{sonst.} \end{cases}$$

Bestimmen Sie **a)** Erwartungswert und **b)** Varianz.

7.3 Ungleichung von TSCHEBYSCHEFF

7.3.1   Bei der Herstellung von Wellen sind alle Wellen Ausschuss, die 1 mm oder mehr vom Sollmaß von 100 mm Länge abweichen. Die zufällig schwankende Länge hat den Erwartungswert 100 mm und die Standardabweichung 0,1 mm.
Wie groß ist der Ausschussanteil höchstens?

7.3.2   Die Zufallsvariable X besitzt den Erwartungswert $\mathbf{E}(X) = 0$ und $\mathbf{VAR}(X) = 10$.
Geben Sie ein Intervall an, in dem die Werte von X mit einer Wahrscheinlichkeit von mindestens 0,9 liegen, d. h. gesucht werden a und b so, dass $\mathbf{P}(a < x < b) > 0,9$.

7.3.3   Für die unabhängigen Zufallsvariablen X und Y gilt:
$\mathbf{E}(X) = -5$; $\mathbf{VAR}(X) = 2$; $\mathbf{E}(Y) = 2$; $\mathbf{VAR}(Y) = 7$.
a) Berechnen Sie den Erwartungswert und die Varianz der Zufallsvariablen $Z = 3X - Y + 1$.
b) Schätzen Sie mit Hilfe der Ungleichung von TSCHEBYSCHEFF die Wahrscheinlichkeit, mit der die Zufallsvariable Z Werte annimmt, die vom Erwartungswert um nicht mehr als ± 10 abweichen.

7.3.4   Das Gewicht von Zuckerpaketen schwankt zufällig um das Sollgewicht (Erwartungswert) $\mu = 1.000\,g$ mit der Standardabweichung $\sigma = 20\,g$. Wie groß ist mindestens die Wahrscheinlichkeit, dass das Gewicht einer Zuckerpackung um weniger als 60g vom Sollgewicht abweicht?

7.4 Funktionen von Zufallsvariablen

7.4.1   Wie groß sind Erwartungswert und Varianz des monatlichen Gesamteinkommens Y eines Ehepaares, wenn bekannt ist, dass die Frau doppelt soviel verdient wie der Mann und dass das Einkommen X des Mannes einen Erwartungswert von EUR 1100 bei einer Varianz von 100 besitzt?

7.4.2   Ein Werk produziert rechteckige Glasscheiben, deren Länge X und Breite Y produktionsbedingten zufälligen Schwankungen unterliegen mit $\mathbf{E}(X) = 1000\,mm$, $\mathbf{VAR}(X) = 0,02$, $\mathbf{E}(Y) = 500\,mm$ und $\mathbf{VAR}(Y) = 0,01$.
Bestimmen Sie Erwartungswert und Varianz für den Umfang Z der Glasscheiben, wenn angenommen werden kann, dass Länge und Breite unabhängig voneinander schwanken.

7.4.3 Die paarweise stochastisch unabhängigen Zufallsvariablen X_1, X_2 und X_3 haben alle den Erwartungswert $\mathbf{E}(X_i) = 10$ und die Varianz $\mathbf{VAR}(X_i) = 5$ ($i = 1,2,3$). Bestimmen Sie Erwartungswert und Varianz von $Y = X_1 + X_2 + X_3$.

7.4.4 X ist die Zufallsvariable mit der Dichtefunktion

$$f_X(x) = \begin{cases} 3x^2 & \text{für} \quad 0 < x < 1 \\ 0 & \text{sonst} \end{cases}$$

a) Berechnen Sie den Erwartungswert.
b) Berechnen Sie die Varianz.
c) Berechnen Sie Erwartungswert und Varianz für die Zufallsvariable
   $Y = -2x + 3$.

7.4.5 Ein Bauer möchte eine neue Kartoffelwaage kaufen. Schon seit längerem ist die Maßeinheit kg für Gewichtsangaben verbindlich, und so steht im Verkaufsprospekt:

Der Wiegefehler ist eine Zufallsvariable mit Erwartungswert 0 kg und Varianz 0,5 kg².

Der Bauer hat sich bislang nicht an kg gewöhnen können und rechnet immer noch in Pfund. Wie kann ihm der Wiegefehler verständlich gemacht werden?

8   Spezielle Verteilungen

8.1   Gleichverteilung

8.1.1   Jemand führt ein Ferngespräch. Die Takte für die Gebühreneinheiten zu 30 sec. Länge werden zentral gegeben. Der Zeitpunkt X des Gesprächsanfangs sei zwischen Beginn und Ende des zentralen Zeittaktes gleichverteilt.
Wie groß ist die Wahrscheinlichkeit, dass mehr als eine Gebühreneinheit anfällt, wenn das Gespräch **a)** 22,5 sec und **b)** 35 sec dauert? (Bruchteile einer Gebühreneinheit zu Beginn und am Ende eines Gesprächs werden wie volle Einheiten berechnet.) **c)** Berechnen Sie den Erwartungswert der verbrauchten Gebühreneinheiten im Fall **a)**.

8.1.2   Ein Glücksrad hat 7 Felder, die mit den Zahlen -3, -2, -1, 0, 1, 2, 3 beschriftet sind.
a) Wie groß ist die Wahrscheinlichkeit, dass eine Zahl kleiner als 0 auftritt?
b) Bestimmen Sie den Erwartungswert der auftretenden Zahl.

8.1.3   Bestimmen Sie Erwartungswert und Varianz einer im Intervall $1 < x < 6$ gleichverteilten, stetigen Zufallsvariablen X.

8.2   Binomialverteilung und Hypergeometrische Verteilung

8.2.1   Eine Münze wird viermal geworfen. Wie groß ist die Wahrscheinlichkeit, dass dabei **a)** einmal, **b)** zweimal, **c)** dreimal Zahl auftritt?

8.2.2   Studenten bestehen mit einer Wahrscheinlichkeit von 0,7 die Statistikklausur. Die Erfolge bzw. Misserfolge der einzelnen Studenten sind unabhängig voneinander. Bestimmen Sie die Wahrscheinlichkeit, dass von 5 Studenten **a)** keiner, **b)** genau einer, **c)** mindestens einer die Klausur besteht und dass **d)** genau 3 durchfallen.

8.2.3 Mit einer idealen Münze werden 3 Wurfserien zu je 4 Würfen durchgeführt.
Wie groß ist die Wahrscheinlichkeit dafür, dass bei den 3 Serien insgesamt genau 4-mal das Ergebnis „Zahl" erscheint?

8.2.4 Paul möchte sein Auto starten. Ihm ist bekannt, dass die Batterie mit einer Wahrscheinlichkeit von 0,5 in Ordnung ist und dass die Zündkerzen jeweils mit einer Wahrscheinlichkeit von 0,8 funktionieren. Er weiß, dass sein Auto genau dann anspringt, wenn die Batterie und mindestens drei der vier Zündkerzen funktionieren. Alle Ereignisse sind paarweise unabhängig.
Wie groß ist die Wahrscheinlichkeit, dass sein Auto anspringt?

8.2.5 Der Student Paul hat in seinem von der Tante Olga geerbten Kühlschrank 8 Eier. Zwei Eier sind, ohne dass er es weiß, faul. Für Rühreier greift er zufällig drei Eier.
Wie groß ist die Wahrscheinlichkeit, dass die Rühreier ungenießbar sind?

8.2.6 In einer Lieferung von N Fliesen sind M Fliesen nur zweite Wahl. Um den Anteil Fliesen zweiter Wahl zu schätzen, wird eine Zufallsstichprobe vom Umfang n gezogen.
Welche Verteilung für die Anzahl x der Fliesen zweiter Wahl in der Stichprobe ergibt sich, wenn **a)** mit und **b)** ohne Zurücklegen gezogen wird?

8.2.7 Aus einer Urne mit 200 roten und 300 blauen Kugeln werden 15 Kugeln mit Zurücklegen gezogen.
Wie groß ist die Wahrscheinlichkeit für **a)** höchstens 2 rote Kugeln, **b)** mindestens 10 rote Kugeln, **c)** 4,5,6,7 oder 8 rote Kugeln?

8.3 Geometrische Verteilung

8.3.1 Wie groß ist die Wahrscheinlichkeit, dass beim Roulette (mit 37 gleichmöglichen Zahlen von 0 bis 36) die Zahl 13 bei 20 aufeinanderfolgenden Ausspielungen nicht erscheint?

8.3.2 Beim „Mensch-ärgere-Dich-nicht"-Spiel darf der erste Zug erst dann erfolgen, wenn das erste Mal eine „Sechs" gewürfelt wird. Wie groß ist die Wahrscheinlichkeit, dass man mehr als 3 Würfe machen muss, um beginnen zu können?

8.4   Poissonverteilung

8.4.1   Die Anzahl der wöchentlichen Hundebisse bei den Briefträgern einer Kleinstadt ist poissonverteilt mit $\mu = 3$.
Wie groß ist die Wahrscheinlichkeit, dass
a) in einer Woche genau 6 Hundebisse registriert werden,
b) in drei Wochen mehr als 8 Hundebisse erfolgen?

8.4.2   Eine Bank hat 3 Filialen in einer Stadt. Die Anzahl der Kunden, die die Filialen pro Stunde betreten, sei poissonverteilt mit den Parametern 2, 2 und 1. Die Ankünfte der Kunden seien unabhängig voneinander.
Wie groß ist die Wahrscheinlichkeit, dass
a) innerhalb einer Stunde insgesamt 8 Kunden die Filialen betreten,
b) insgesamt 12 Kunden die 3 Filialen innerhalb von 2 Stunden betreten?

8.4.3   Die Anzahl der Fahrzeuge, die einen Beobachtungspunkt innerhalb eines Intervalls von einer Minute passieren, ist poissonverteilt mit $\mu = 1{,}6$.
a) Wie groß ist die Wahrscheinlichkeit, dass in einer Minute mehr als 3 Fahrzeuge vorbeifahren?
b) Wie groß ist die Wahrscheinlichkeit, dass in 5 Minuten nicht mehr als 5 Fahrzeuge vorbeifahren, wenn die Ereignisse stochastisch unabhängig sind?

8.4.4   An einem Beobachtungspunkt an einer Straße werden die vorbeifahrenden Fahrzeuge gezählt. Die Anzahl der pro Minute passierenden Kraftfahrzeuge ist poissonverteilt, und zwar in Richtung A mit $\mu = 1{,}2$ und in Richtung B mit $\mu = 0{,}8$.
Die Anzahlen der pro Richtung in einer Minute passierenden Kraftfahrzeuge sind stochastisch unabhängig.
Wie groß ist die Wahrscheinlichkeit, dass in einem Dreiminutenintervall höchstens 3 Fahrzeuge vorbeifahren?

8.4.5   Auf eine Kreuzung münden 4 Straßen, aus denen im Durchschnitt in einer Stunde 27, 23, 35 und 15 Kraftfahrzeuge auf die Kreuzung kommen.
Die Ankünfte der Kraftfahrzeuge sind jeweils poissonverteilt und paarweise stochastisch unabhängig.
Bestimmen Sie für die Gesamtzahl der die Kreuzung passierenden Kraftfahrzeuge Erwartungswert und Varianz.

8.4.6 In einer Stadt wurden während eines Jahres die wöchentlichen Feuermeldungen gezählt.

Wochen	19	20	8	4	1
Anzahl Feuermeldungen	0	1	2	3	4

a) Bestimmen Sie arithmetisches Mittel und Varianz für die Anzahl der Feuermeldungen pro Woche.

b) Stellen Sie den Werten der empirischen Verteilung die der in Frage kommenden theoretischen Verteilung gegenüber.

c) Bestimmen Sie die Wahrscheinlichkeit für 5 und mehr Feuermeldungen in einer Woche. Alle wieviel Jahre ist dieser Fall zu erwarten?

8.5 Normalverteilung

8.5.1 Die Zufallsvariable Z sei $N(0;1)$-verteilt. Bestimmen Sie:

a) $P(0 < Z \leq 2{,}4)$ **b)** $P(-1{,}3 < Z \leq 0)$ **c)** $P(-0{,}8 \leq Z < 0{,}8)$

d) $P(Z < 2{,}1)$ **e)** $P(Z > -0{,}1)$ **f)** $P(0{,}2 < Z < 1{,}6)$

8.5.2 Z sei $N(0;1)$-verteilt. Bestimmen Sie A, B, C und D aus

a) $P(Z < A) = 0{,}6$ **b)** $P(Z > B) = 0{,}8$

c) $P(|Z| < C) = 0{,}6$ **d)** $P(|Z| > D) = 0{,}3$

8.5.3 Die Zufallsvariable X sei $N(100;10)$-verteilt. Bestimmen Sie A, B, C aus **a)** $P(X < A) = 0{,}7$; **b)** $P(X > B) = 0{,}65$; **c)** $P(|X - 100| < C) = 0{,}5$.

8.5.4 Die Reißfestigkeit von Kettengliedern sei normalverteilt mit $\sigma = 5$. Der Erwartungswert μ soll bei unveränderter Standardabweichung σ durch Materialänderung so beeinflusst werden, dass höchstens 3% der Kettenglieder eine Festigkeit von weniger als 50 kg haben. Wie groß ist μ festzusetzen?

8.5.5 Die Länge von Profilbrettern sei normalverteilt mit $\mu = 400$ cm und $\sigma = 5$ cm.

a) Wie groß ist der Ausschussanteil, wenn die minimale Länge der Bretter 390 cm betragen soll?

b) Wie groß ist die Wahrscheinlichkeit, dass ein Brett nicht länger als 407,5 cm ist?

c) Es wurden zwei Bretter hintereinander verlegt. Wie groß ist die Wahrscheinlichkeit, dass die Gesamtlänge nicht weniger als 793 cm beträgt?

8.5.6 Bei einer Klausur mit einer maximalen Punktzahl von 100 seien die Ergebnisse näherungsweise normalverteilt mit $\mu = 60$ und $\sigma = 10$.

a) Bestimmen Sie den Anteil der Studenten, die durchgefallen sind, wenn zum Bestehen der Klausur mindestens 50 Punkte erforderlich sind.

b) Bestimmen Sie den Anteil der Studenten, die die Note *gut* erhalten, wenn diese für Punktzahlen von 80 bis 95 vergeben wird.

c) Auf welchen Wert muss die zum Bestehen nötige Mindestpunktzahl festgelegt werden, wenn nicht mehr als 10% der Studenten durchfallen sollen?

8.5.7 Bei einer Lieferung von Kugellagern sei deren Durchmesser normalverteilt mit $\mu = 0,614$ cm und $\sigma = 0,007$ cm.
Wieviel Prozent Ausschuss sind zu erwarten, wenn der Durchmesser der Kugellager **a)** mindestens 0,600 cm, **b)** höchstens 0,620 cm betragen soll?

8.5.8 X_1 und X_2 sind stochastisch unabhängig und N(20;5)- bzw. N(10;12)-verteilt. Ferner ist $Y = X_1 - X_2$. Bestimmen Sie $\mathbf{P}(Y < 23)$.

8.5.9 Die Zufallsgröße X ist N(μ;10)-verteilt. Wie groß darf μ höchstens sein, damit $\mathbf{P}(x > 50) < 0,03$ gilt?

8.5.10 Die Länge von Werkstücken ist annähernd normalverteilt mit dem Erwartungswert 25 mm und der Standardabweichung 0,05 mm.
Wieviel Prozent Ausschuss sind zu erwarten, wenn die Werkstücke eine Länge von mindestens 24,93 mm haben müssen?

8.5.11 Der Durchmesser X von Wellen, die auf einer Drehbank gefertigt werden, ist N(μ,σ)-verteilt mit $\sigma = 0,1$ mm.

a) Für eine Lieferung sind nur Wellen im Toleranzbereich 9,94 bis 10,18 mm brauchbar. Wie groß ist der Ausschussanteil bei $\mu = 10$ mm?

b) Für eine zweite Lieferung sind nur Wellen, deren Durchmesser kleiner als 9,5 mm ist, brauchbar. Wie groß muss μ sein, wenn der Ausschussanteil höchstens 20% sein soll?

8.5.12 Die Lebensdauer von Kfz-Batterien des Typs *Bleinix* ist normalverteilt mit den Parametern $\mu = 2$ Jahre und $\sigma = 0,5$ Jahre.

a) Wie groß ist die Wahrscheinlichkeit, dass eine Batterie eine Lebensdauer von mehr als drei Jahren erreicht?

b) Wie groß ist die Wahrscheinlichkeit, dass zwei Batterien *Bleinix* eine Lebensdauer von mehr als zwei Jahren erreichen?

8.6 Weitere Verteilungen

8.6.1 Die Zufallsvariable X sei χ^2-verteilt mit 10 Freiheitsgraden.

a) Bestimmen Sie $\mathbf{P}(3{,}247 \le x \le 20{,}483)$.

b) Bestimmen Sie die Stelle x_0, an der für die Verteilungsfunktion gilt:

$F_X(x_0) = 0{,}99$.

8.6.2 T sei studentverteilt mit 30 Freiheitsgraden.
Bestimmen Sie t_1 und t_2 so, dass

a) $\mathbf{P}(T \le t_1) = 0{,}90$ und

b) $\mathbf{P}(|T| > t_2) = 0{,}1$.

8.6.3 X sei F-verteilt mit $r_1 = 12$ und $r_2 = 6$ Freiheitsgraden. Es gilt:

a) $F_X(x_1) = 0{,}95$;

b) $F_X(x_2) = 0{,}99$;

c) $\mathbf{P}(X > x_3) = 0{,}95$.

Bestimmen Sie x_1, x_2 und x_3.

8.6.4 X sei F-verteilt mit $r_1 = 16$; r_2 ist unbekannt.
Wie groß muss r_2 sein, damit $F_X(2{,}599) = 0{,}95$ gilt?

8.6.5 X ist eine F(26;30)-verteilte Zufallsvariable. Es sei $F_X(x_0) = 0{,}01$.
Bestimmen Sie x_0.

8.7 Approximation von Verteilungen

8.7.1 X sei eine B(49;0,5)-verteilte Zufallsvariable. Bestimmen Sie $F_X(14)$.

8.7.2 Bei der Überprüfung einer Serie von 100.000 Druckplatten wurde festgestellt, dass davon 3.340 in ihrer Qualität ungenügend waren.

a) Geben Sie die zugehörige exakte Verteilung an.

b) Bestimmen Sie die Wahrscheinlichkeit, mit der bei einer zufälligen Überprüfung von 60 Druckplatten mindestens 4 in der Qualität unzureichende Platten gefunden worden wären.

8.7.3   Bei einer Produktion von 3.000 elektrischen Bauteilen waren 1.500 Stück defekt.

a) Wie groß ist näherungsweise die Wahrscheinlichkeit, in einer Stichprobe ohne Zurücklegen von 100 Bauteilen 40 bis 60 defekte Stücke zu finden?

b) Wie groß ist näherungsweise die Wahrscheinlichkeit, in einer Stichprobe ohne Zurücklegen gleichen Umfangs mehr als 6 defekte Stücke zu finden, wenn von den 3.000 produzierten Bauteilen 150 Stück defekt sind?

c) Welche Verteilungen sind in den Fällen **a)** und **b)** exakt richtig?

9 Stichprobenauswahl

9.0.1 Aus einer Einwohnerkartei einer Gemeinde mit 6.000 Einwohnern sollen 250 Personen durch systematische Auswahl gezogen werden. Zuerst wird die 12. Karteikarte gezogen. Welches sind die fünf folgenden Karten?

9.0.2 Kurz vor der Ernte soll der zu erwartende ha-Ertrag für Weizen für ein ganzes Land geschätzt werden. Dazu werden zufällig ausgewählte Flächenstücke von je $1m^2$ untersucht. Für die Auswahl wird so vorgegangen, dass im ersten Schritt die Gemeinden, im zweiten die landwirtschaftlichen Betriebe, im dritten die Felder und im vierten Flächenstücke von je $1m^2$ ausgewählt werden. Welches Auswahlverfahren liegt vor?
a) Klumpenstichprobe
b) geschichtete Stichprobe mit proportionaler Aufteilung
c) geschichtete Stichprobe mit optimaler Aufteilung
d) mehrstufige Stichprobenauswahl

9.0.3 Um Käuferverhalten zu untersuchen, werden sämtliche Einwohner von 10 zufällig ausgewählten Landgemeinden befragt. Handelt es sich um
a) bewusste Auswahl,
b) Klumpenstichprobe,
c) geschichtete Stichprobe oder
d) Schlussziffernverfahren?

9.0.4 Für die Vorhersage des Ergebnisses einer Kommunalwahl einer Großstadt sollen 1.000 Personen der 200.000 Wahlberechtigten befragt werden. Welches der nachfolgend genannten Auswahlverfahren liefert eine Zufallsauswahl aus der Gesamtheit der Wahlberechtigten?
a) Mittels Zufallszahlen werden 1.000 Personen aus dem Telefonbuch dieser Stadt ausgewählt.
b) Es werden 1.000 Mitarbeiter eines Betriebes dieser Stadt gefragt.
c) Aus dem alphabetischen Einwohnerregister wird jeder 200. ausgewählt.
d) Keines der Auswahlverfahren liefert die gewünschte Zufallsauswahl.

9.0.5 Eine Kraftfahrzeugversicherung interessiert sich für die durchschnittliche jährliche Fahrleistung ihrer Versicherungsnehmer. Es sollen von den etwa 200.000 Versicherten 400 ausgewählt und über ihre jährliche Fahrleistung befragt werden. Welche der folgenden Verfahren sind als vom Beobachtungsmerkmal unabhängige Zufallsauswahl geeignet?
a) Jeder 500. der alphabetisch geordneten Versicherungsnehmer.
b) Alle im Mai Geborenen, falls mehr als 400, die 400 Jüngsten.
c) Von den 4.000 Unfallverursachern des letzten Jahres jeder 10.
d) Von den 1.000 versicherten Vertretern werden 400 ausgelost.

9.0.6 Eine Vereinigung von Autofahrern möchte für ihre 3 Millionen Mitglieder die durchschnittliche Fahrleistung pro Jahr ermitteln. Dazu soll eine Stichprobe von 6.000 Mitgliedern befragt werden.
Welche der im folgenden angegebenen Auswahlverfahren sind geeignet?
a) Es werden 6.000 Besitzer von VW-Golfs befragt, da diese den größten Anteil aller PKWs stellen. Die Auswahl innerhalb der Gruppe der Golf-Besitzer erfolgt mittels Zufallszahlen.
b) Es werden 6.000 Mitglieder mit Telefon am Sitz des Vereins (Frankfurt) ausgewählt und telefonisch befragt.
c) Jedes 500. Mitglied im alphabetischen Mitgliederverzeichnis wird befragt.
d) Von den 12.000 Vereinsfunktionären wird jeder 2. befragt.
e) Keines der vorgeschlagenen Verfahren ist geeignet.

9.0.7 In der folgenden Tabelle sind die Bauernhöfe einer Region entsprechend ihrer Größe erfasst. Weiter ist die zugehörige durchschnittliche mit Rüben bebaute Fläche angegeben.

Größe in ha	Anzahl	durchschnittliche Rübenanbaufläche (ha)	Standardabweichung
0 – 50	300	5,4	8,0
51 – 100	525	16,3	9,75
101 – 150	75	24,3	15,0
151 – 200	225	34,5	20,0
201 – 250	375	49,5	25,0

Zur erneuten Feststellung der statistischen Daten der mit Rüben bebauten Flächen soll eine geschichtete Stichprobe vom Umfang $n = 150$ Bauernhöfe entnommen werden.
Geben Sie die Stichprobenumfänge der einzelnen Schichten bei optimaler und bei proportionaler Aufteilung an.

9.0.8 Aus einer aus 3 Schichten bestehenden Grundgesamtheit ist eine geschichtete Stichprobe vom Umfang $n = 200$ zu ziehen. Aus einer früheren Untersuchung sind die folgenden Daten bekannt:

Schicht	N_ρ	σ_ρ
1	800	1.250
2	200	3.000
3	1.000	400

Die Größe der einzelnen Teilgesamtheiten hat sich seit der früheren Untersuchung nicht verändert. Ermitteln Sie die optimale Aufteilung der Stichprobe.

9.0.9 Wann sind optimale Aufteilung und proportionale Aufteilung einer Stichprobe bei einer geschichteten Stichprobenauswahl gleich?

10   Schätzverfahren

10.1   Konfidenzintervalle für den Erwartungswert bzw. Mittelwert

10.1.1   Welche der folgenden Aussagen über ein 95%-Konfidenzintervall für den Mittelwert μ eines Merkmals X sind richtig?

a) Die Intervallgrenzen sind Realisationen von Zufallsgrößen.

b) Je größer der Stichprobenumfang n ist, desto kleiner ist die Wahrscheinlichkeit, dass ein Merkmalswert außerhalb der Intervallgrenzen liegt.

c) Mit einer Wahrscheinlichkeit von 95% liegen die Merkmalswerte von X innerhalb der Grenzen des Konfidenzintervalls.

d) Wenn α zunimmt, nimmt auch die Größe des Konfidenzintervalls zu.

e) Mit einer Wahrscheinlichkeit von 95% überdeckt das Konfidenzintervall den tatsächlichen Mittelwert.

10.1.2   Bei einer Stichprobenuntersuchung wurde für die mittlere Reißfestigkeit μ von Stahlbändern zur Verpackung von Paletten (Maßeinheit: Newton) aus einer Stichprobe von 25 Stahlbändern ein 95%-Konfidenzintervall mit den Grenzen $\mu_u = 956$ und $\mu_o = 1044$ bestimmt. Es war bekannt, dass die Reißfestigkeit eines Stahlbandes näherungsweise normalverteilt ist mit der Standardabweichung $\sigma = 110$. Welche der folgenden Aussagen sind richtig?

a) Eine Verdopplung des Stichprobenumfangs n führt zu einer Verdopplung der Breite des Konfidenzintervalls.

b) Eine Vervierfachung des Stichprobenumfangs n führt zu einer Halbierung der Breite des Konfidenzintervalls.

c) Eine Halbierung des Stichprobenumfangs führt zu einer Vervierfachung der Breite des Konfidenzintervalls.

d) Ein 90%-Konfidenzintervall wäre breiter als das oben angegebene.

e) Mit einer Wahrscheinlichkeit von 95% liegt die Reißfestigkeit eines Stahlbandes innerhalb der Grenzen des Konfidenzintervalls.

f) Mit einer Wahrscheinlichkeit von 5% ist die Intervallschätzung von μ falsch.

10.1.3 Wie kann man den Schätzfehler beim Schätzen eines Parameters einer Grundgesamtheit mittels einer Stichprobe reduzieren?

10.1.4 Wie kann man die Genauigkeit einer Schätzung von μ mittels einer Stichprobe verbessern?

10.1.5 Welche der folgenden Aussagen über ein Konfidenzintervall für den Erwartungswert μ einer Grundgesamtheit zum Konfidenzniveau 0,95 sind richtig?

a) Das Konfidenzintervall überdeckt μ mit der Wahrscheinlichkeit 0,95.

b) Ein Stichprobenwert liegt mit der Wahrscheinlichkeit 0,95 innerhalb des Konfidenzintervalls.

c) Die Wahrscheinlichkeit, dass die obere Grenze des Konfidenzintervalls kleiner als μ ist, beträgt 0,05.

d) Die Wahrscheinlichkeit, dass ein Stichprobenwert größer als die obere Grenze des Konfidenzintervalls ist, beträgt 0,025.

10.1.6 · Erläutern Sie in Stichworten den Unterschied zwischen einem Wahrscheinlichkeits- und einem Konfidenzintervall.

10.1.7 Aus einer großen Lieferung abgepackter Kartoffeln werden 10 Säcke entnommen und folgende Gewichte notiert: 9,5; 10,5; 10,0; 10,0; 10,2; 10,0; 10,4; 9,6; 9,8; 10,0. Die Gewichte der Packungen seien näherungsweise normalverteilt. Bestimmen Sie ein 95%-Konfidenzintervall für das durchschnittliche Gewicht der Packungen in der Lieferung.

10.1.8 Eine Stichprobe von 65 Batterien für elektrische Kugelschreiber liefert eine mittlere Lebensdauer von 75 Stunden und eine Standardabweichung von 8 Stunden. Wie groß ist die mittlere Lebensdauer der 1500 Batterien einer Lieferung mindestens? (Konfidenzniveau $1-\alpha = 0,90$)

10.1.9 Von 65 Hennen einer neu gezüchteten Rasse werden von einem Züchterverband die Legeleistungen pro Jahr ermittelt. Es ergibt sich ein Durchschnitt von 250 Eiern pro Jahr bei einer Standardabweichung von 32.

a) Innerhalb welcher Grenzen kann die durchschnittliche jährliche Legeleistung bei einem Konfidenzniveau von $1-\alpha = 0,90$ erwartet werden?

b) Welcher Stichprobenumfang wäre nötig, um die durchschnittliche jährliche Legeleistung mit einer Abweichung von ± 10 Eiern zu schätzen ($\alpha = 0,1$)? Die Standardabweichung der Grundgesamtheit kann mit $\sigma = 40$ angenommen werden.

10.1.10 Die Lebensdauer von Schläuchen einer Hydraulikanlage ist annähernd normalverteilt mit einer Standardabweichung von $\sigma = 600$ h. Eine Zufallsstichprobe vom Umfang $n = 36$ ergibt eine durchschnittliche Lebensdauer von 3.000 h. Bestimmen Sie ein 95%-Konfidenzintervall für den unbekannten Parameter μ der Normalverteilung.

10.1.11 Das bekannte Restaurant *Mon Chéri* erhält eine große Lieferung von Langusten. Um Zeit zu sparen und weil Langusten sehr empfindlich sind, nimmt man eine Stichprobe vom Umfang $n = 5$, um das mittlere Gewicht festzustellen. Es ergeben sich folgende Werte in g: 100; 103; 104; 106; 112.
Bestimmen Sie **a)** ein 99%-Konfidenzintervall für das durchschnittliche Gewicht und **b)** ein 95%-Konfidenzintervall für die Varianz des Gewichts.

10.1.12 Der gefürchtete Revolverheld *Ringo* hat eine riesige Rinderherde entwendet. Um Zeit zu sparen und weil der Sheriff hinter ihm her ist, nimmt er eine Stichprobe vom Umfang $n = 5$, um das mittlere Gewicht der Rinder festzustellen. Es ergibt sich ein mittleres Gewicht von $\bar{x} = 405$ kg bei einer Standardabweichung von $s = 4$ kg.
Bestimmen Sie ein 99%-Konfidenzintervall für das durchschnittliche Gewicht der Rinder.

10.1.13 Aus einem laufenden Produktionsprozess des Produkts P wurde eine große Stichprobe entnommen, in der das Durchschnittsgewicht 150 g und die Standardabweichung 28 g betrug. Bei einem Signifikanzniveau von 0,1 erhielt man für das Durchschnittsgewicht ein Konfidenzintervall mit den Grenzen 143,4 g und 156,6 g.
Wie groß war die Stichprobe, wenn man davon ausgeht, dass mit einer Normalverteilung gearbeitet wurde?

10.1.14 Bei einer Stichprobenuntersuchung wurde für das mittlere Einkommen μ von Studenten aus einer Stichprobe vom Umfang $n = 25$ Studenten ein 95%-Konfidenzintervall bestimmt. Es hat die Grenzen $\mu_u = 790$ EUR und $\mu_o = 830$ EUR. Es war bekannt, dass das Einkommen näherungsweise normalverteilt ist mit der Standardabweichung $\sigma = 50$.
a) Wie wirkt sich eine Vervierfachung des Stichprobenumfangs n auf die Breite des Konfidenzintervalls aus?
b) Ist ein 99%-Konfidenzintervall breiter als das oben angegebene?
c) Wie ändert sich das Konfidenzintervall, wenn statt $\sigma = 50$ nur $s = 50$ gegeben ist?

10.1.15 Welche der folgenden Aussagen über ein 95%-Konfidenzintervall $(\mu_u; \mu_o)$ für den Mittelwert eines Merkmals X sind richtig?

a) Die Grenzen μ_u und μ_o des Konfidenzintervalls sind Realisationen von Zufallsvariablen.

b) Die festen Grenzen des Konfidenzintervalls werden von der Zufallsvariablen μ (Mittelwert des Merkmals) mit der Wahrscheinlichkeit 0,95 nicht über- bzw. unterschritten.

c) Die Merkmalswerte von X liegen mit einer Wahrscheinlichkeit von 0,95 innerhalb der Grenzen des Konfidenzintervalls.

d) Der unbekannte Mittelwert des Merkmals X kann durchaus außerhalb der Grenzen des Konfidenzintervalls liegen.

e) Je größer der Stichprobenumfang n ist, desto kleiner ist die Wahrscheinlichkeit, dass ein Merkmalswert außerhalb der Grenzen des Konfidenzintervalls liegt.

10.2 Konfidenzintervalle für einen Anteilswert

10.2.1 An einer Universität mit 30.000 Studenten kandidierte für die Wahlen zum Studentenparlament eine neue Gruppierung mit dem Namen "Studenten, arbeitet und freut Euch" (SAUFE). Bei einer Blitzumfrage unter 625 zufällig ausgewählten Studenten ergab sich ein Anteil von 10% Sympathisanten der neuen Gruppe. Schätzen Sie den Anteil der SAUFE-Anhänger unter allen Studenten mit einer Wahrscheinlichkeit von 90%.

10.2.2 Ein Meinungsforschungsinstitut hat mit Hilfe einer Zufallsstichprobe vom Umfang 2.000 den Stimmenanteil der CDU bei den Landtagswahlen in Niedersachsen mit Hilfe der Stichprobenfunktion P auf 37,7% geschätzt. Welche der nachstehenden Aussagen sind sinnvoll?

a) Die Angabe ist falsch, denn Niedersachsen hat viel mehr als 2.000 Wahlberechtigte.

b) Die Schätzung ist eine Punktschätzung. Bei Vorgabe eines Konfidenzniveaus lässt sich aber aus den obigen Angaben bereits ein Konfidenzintervall berechnen.

c) Dem Meinungsforschungsinstitut ist ein Fehler unterlaufen, denn die CDU hat 38,7% erreicht.

d) Falls das Meinungsforschungsinstitut von einem Konfidenzniveau von $1-\alpha = 0,95$ ausgegangen ist, so ergibt sich als absoluter Fehler der Schätzung ungefähr $\pm 2\%$.

e) Falls das Meinungsforschungsinstitut von einem Konfidenzniveau von $1-\alpha = 0,95$ ausgegangen ist, so ergibt sich als absoluter Fehler der Schätzung ungefähr $\pm 1\%$.

f) Die Stimmanteile der CDU in jedem der niedersächsischen Landtagswahlkreise liegen mit einer Wahrscheinlichkeit von 95% innerhalb der in **d)** und **e)** angegebenen Fehlerschranken um den Schätzwert 37,7%.

10.2.3 Ein Baustoffhändler erhält eine Lieferung Klinker. Um den Anteil von Klinkern 2. Wahl festzustellen, entnimmt er der Lieferung eine Zufallsstichprobe vom Umfang $n = 25$, in der er 5 Klinker 2. Wahl findet. Schätzen Sie den Anteil der Klinker 2. Wahl in der Lieferung ($\alpha = 0,05$).

10.2.4 Bei Prüfung einer Schiffsladung südamerikanischer Bananen findet der Vertreter eines großen Lebensmittelfilialbetriebs in einer Stichprobe von 400 Bananen 80 schlechte Bananen.
Wie groß ist maximal der Anteil schlechter Bananen in der Lieferung ($\alpha = 0,05$)?

10.2.5 Ein Warenhaus erhält 10.000 Porzellanteller. Um den Anteil von Prozellan 2. Wahl festzustellen, entnimmt man der Lieferung eine Zufallsstichprobe vom Umfang $n = 55$, in der man 6 Teller 2. Wahl findet. Schätzen Sie den Anteil der Teller 2. Wahl in der Lieferung ($\alpha = 0,02$).

10.2.6 In einer Zufallsstichprobe von 53 Personen sprechen sich 3 für die sofortige Abschaffung aller indirekten Steuern aus.
Wie groß ist der Anteil der *Steuergegner* in der Bevölkerung höchstens ($\alpha = 0,05$)?

10.2.7 Von 36 zufällig ausgewählten Besuchern der Grünen Woche 2002 in Berlin war einer mit der Ausstellung unzufrieden.
Wie groß ist höchstens der Anteil Unzufriedener unter allen 580.000 Besuchern der Grünen Woche in diesem Jahr? ($1-\alpha = 0,95$)

10.2.8 Bei einer Befragung zur Bundestagswahl 2002 wurden in einer Stichprobe vom Umfang $n = 53$ insgesamt 4 Wähler der CIV (*Chaoten in Vorlesungen*) festgestellt.
Bestimmen Sie ein 95%-Konfidenzintervall für den Anteilswert Θ der Wähler dieser Partei.

10.3 Konfidenzintervalle für die Varianz

10.3.1 Eine Stichprobe vom Umfang $n = 20$ aus einer normalverteilten Grundgesamtheit hat die Varianz $s^2 = 5$.
Bestimmen Sie ein zweiseitiges und zwei einseitige 95%-Konfidenzintervalle für die Varianz der Grundgesamtheit.

10.3.2 Eine Stichprobe von 65 Batterien für Belichtungsmesser ergab eine mittlere Lebensdauer von 75 Stunden. Die Standardabweichung in der Stichprobe betrug 8 Stunden. Die Lebensdauer kann als normalverteilt angesehen werden.
Bestimmen Sie ein 99%-Konfidenzintervall für σ der Grundgesamtheit.

10.3.3 Aus einer Stichprobe vom Umfang 20 aus einer normalverteilten Grundgesamtheit wurden $\bar{x} = 10,4$ und $s^2 = 5,2$ ermittelt.
Bestimmen Sie ein 90%-Konfidenzintervall für die Varianz der Grundgesamtheit.

10.3.4 Eine Stichprobe vom Umfang $n = 40$ aus einer normalverteilten Grundgesamtheit ergibt eine Standardabweichung von $s = 5$.
Bestimmen Sie ein 95%-Konfidenzintervall für die Varianz der Grundgesamtheit.

10.4 Notwendiger Stichprobenumfang

10.4.1 Das Durchschnittsalter von **a)** 10.000 und **b)** 600 Studenten soll aufgrund einer Stichprobe innerhalb eines Fehlerbereichs von $\pm 0,5$ Jahren mit 95%iger Sicherheit bestimmt werden.
Aus der Vergangenheit ist bekannt, dass die Standardabweichung etwa drei Jahre beträgt.
Bestimmen Sie zu **a)** und **b)** die notwendigen Stichprobenumfänge.

10.4.2 Unter 800 Studenten soll der Anteil der verheirateten Studenten innerhalb eines absoluten Fehlerbereichs von $\pm 2\%$ mit einer Sicherheit von **a)** 90% und **b)** 99% bestimmt werden.
In der Vergangenheit betrug der Anteil der Verheirateten etwa 20%.
Wie groß sind die Stichproben mindestens zu wählen?

10.4.3 Der Ausschussanteil einer Lieferung von Kalksandsteinen soll mit einer Genauigkeit von 5% bei einem Konfidenzniveau von $1-\alpha = 0{,}9545$ durch eine Stichprobenuntersuchung geschätzt werden.
Bestimmen Sie den notwendigen Stichprobenumfang n.

10.4.4 Der Umfang einer Stichprobe sei 36 und der Standardfehler des Mittelwertes ($\sigma_{\bar{x}}$) betrage 2. Welcher Stichprobenumfang ist erforderlich, wenn man den Standardfehler auf 1,2 reduzieren will?

11 Grundbegriffe zu Testverfahren und einfache Stichprobenpläne

11.0.1 Formulieren Sie zu jedem der nachstehenden Testprobleme je eine sinnvolle Nullhypothese und Alternativhypothese:

a) Es soll überprüft werden, ob der durchschnittliche Intelligenzquotient von Männern (IQ_M) größer ist als der von Frauen (IQ_F).

b) Ein Hersteller von Motorblöcken möchte wissen, ob der zugesagte mittlere Bohrungsdurchmesser von 78,65 mm in der laufenden Produktion nicht mehr eingehalten wird.

c) Betonmischer haben nach Herstellerangaben einen Benzinverbrauch von $\mu_0 = 1,2$ ℓ/h bei einer Standardabweichung von $\sigma = 0,05$ ℓ/h. Ein Konkurrent der Firma würde sich freuen, wenn er mit Hilfe einer Stichprobe einen höheren Durchschnittsverbrauch nachweisen könnte.

11.0.2 Geben Sie zu den folgenden Fragestellungen an, ob ein einseitiger oder ein zweiseitiger Test angewendet werden soll.

a) Untersuchung, wie groß der Anteil der Hausfrauen an den Kursstudenten der Fernuniversität ist.

b) Untersuchung, ob ein neuer Motortyp für Kraftfahrzeuge weniger Treibstoff verbraucht als andere Motoren.

c) Untersuchung, ob eine Geschwindigkeitsbegrenzung die Häufigkeit von Verkehrsunfällen mit Toten reduziert.

d) Untersuchung, ob der Anteil der Anhänger einer Partei sich seit der letzten Bundestagswahl geändert hat.

11.0.3 Formulieren Sie zu folgenden Problemen geeignete Nullhypothesen.

a) Eine Partei möchte nachweisen, dass sie die 5%-Hürde bei der kommenden Landtagswahl überspringen wird.

b) Ein Produzent von Stahlbolzen möchte durch die Fertigungsendkontrolle informiert werden, ob die Produktion wegen zu großer Abweichungen der Bolzendurchmesser vom Sollwert gestoppt werden muss.

c) Die Stiftung „Warum Test" möchte die aufgedruckten Mindestgewichte auf Käsepackungen einer Prüfung unterziehen.

d) Durch Messung der Körpergrößen von 1.000 Soldaten soll überprüft werden, ob eine Abweichung von der Normalverteilung eingetreten ist.

11.0.4 Erläutern Sie in Stichworten die Begriffe Fehler 1. Art und Fehler 2. Art. In welcher Beziehung stehen beide Fehler zueinander und zum Stichprobenumfang n?

11.0.5 Der Benzinverbrauch eines PKW-Typs beträgt 10 ℓ/100km. Der Hersteller behauptet, dass sich der Verbrauch durch einige Umbaumaßnahmen um mehr als 10% senken lässt.

Um nachzuweisen, dass diese Behauptung zutrifft, bestimmt eine Automobilzeitschrift auf Stichprobenbasis den Benzinverbrauch von einigen umgebauten Wagen dieses Typs.

Welche Nullhypothese hat die Automobilzeitschrift aufzustellen?

11.0.6 Aufgrund einer Zufallsstichprobe vom Umfang $n = 60$ aus einer normalverteilten Grundgesamtheit soll die Nullhypothese $\mu \geq \mu_0 = 15$ überprüft werden. Es ist **a)** $\bar{x} = 15,2$; **b)** $\bar{x} = 14,3$ bekannt.

Wie lautet die Testentscheidung bei **a)** und **b)**, sofern eine solche mit diesen Angaben überhaupt möglich ist? (Signifikanzniveau 1 %)

11.0.7 Es wird vermutet, dass der Anteil der unproduktiven Zeiten auf Baustellen über 50 % liegt.

a) Formulieren Sie die Nullhypothese für einen Test, um die Vermutung zu überprüfen.

b) Angenommen, das Testergebnis liefert keine signifikante Abweichung von der Nullhypothese.

Wie ist dieses Ereignis zu interpretieren?

Wird damit die Hypothese bestätigt?

11.0.8 Warum hat es wenig Sinn, bei einem Test ein sehr kleines Signifikanzniveau vorzugeben?

11.0.9 Die unten aufgeführten Behauptungen sollen mit einem statistischen Test überprüft werden.

In welchen Fällen ist die Formulierung einer einseitigen Nullhypothese sinnvoll?

a) Der Vorsitzende einer kleinen Partei behauptet, dass seine Partei bei der nächsten Bundestagswahl die 5%-Hürde überspringen wird.

b) Schokolade in goldfarbener Verpackung lässt sich genauso gut verkaufen, wie solche in silberner Verpackung.

c) Motorkolben haben einen Durchmesser von $\mu = 65,4$ mm.

d) Keksdosen haben einen Nettoinhalt von mindestens 500 g.

e) Bayern trinken pro Tag im Durchschnitt mehr Bier als Niedersachsen.

11.0.10 Bei welchen der folgenden Probleme sollte man einen zweiseitigen, bei welchen Problemen einen einseitigen Test durchführen?

a) Untersuchung über die Zunahme der Luftverschmutzung.

b) Prüfung der Abweichung von Kolbendurchmessern von der Norm durch den Hersteller.

c) Untersuchung über die Änderung des Margarineverbrauchs der Bevölkerung pro Kopf und Jahr.

11.0.11 Man hat einen Signifikanztest durchgeführt und musste die Nullhypothese bei einem Signifikanzniveau von 5 % verwerfen. Welche der folgenden Aussagen sind dann richtig?

a) Mit einem größeren Stichprobenumfang würde die Wahrscheinlichkeit für das Verwerfen kleiner werden.

b) Ein größerer Stichprobenumfang verbessert die Chance, vorhandene Abweichungen von der Nullhypothese zu entdecken.

c) Wenn die Nullhypothese zutrifft, ist bei größerem Stichprobenumfang die Chance, die Nullhypothese zu verwerfen, größer.

d) Die Aussage der Nullhypothese ist statistisch widerlegt.

e) Ein größeres Signifikanzniveau würde die Wahrscheinlichkeit für das Verwerfen der Nullhypothese kleiner machen.

11.0.12 Es soll die Nullhypothese H_0: $\mu \leq \mu_0$ getestet werden. Welche Aussagen sind richtig?

a) Die Wahrscheinlichkeit, die Nullhypothese zu verwerfen, obwohl sie richtig ist, ist höchstens gleich dem Signifikanzniveau.

b) Die Operationscharakteristik $\beta(\mu)$ gibt die Wahrscheinlichkeit für einen Fehler 2. Art in Abhängigkeit vom Wert der Testgröße $\overline{X}$ an.

c) Wenn die Nullhypothese nicht verworfen wird, ist sie mit einer Wahrscheinlichkeit von mindestens β richtig.

11.0.13 In der folgenden Abbildung sind die OC-Kurven für vier Tests mit derselben Nullhypothese H_0: $\mu \leq \mu_0$ skizziert. Man verwendete unterschiedliche Stichprobenumfänge n und Signifikanzniveaus.
Leider wurde vergessen, die Kurven entsprechend zu numerieren. Welche Kurve gehört zu welcher Nummer?

(1) $n = 20$, $\alpha = 0,02$;
(2) $n = 20$, $\alpha = 0,1$;
(3) $n = 50$, $\alpha = 0,1$;
(4) $n = 50$, $\alpha = 0,2$.

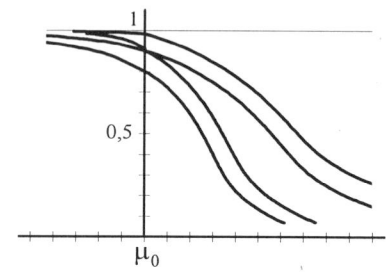

11.0.14 Das folgende Bild zeigt die OC-Kurve eines Testverfahrens zum Prüfen einer Hypothese über den Parameter μ einer normalverteilten Grundgesamtheit.
a) Wie lautet die Nullhypothese?
b) Wie groß ist das Signifikanz-niveau?
c) Wie lautet die Annahmekenn-zahl c_o? (Begründung!)
d) Es ist $\sigma = 150$ und N sehr groß. Wie groß ist n?

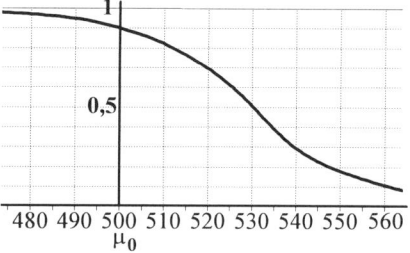

11.0.15 Die folgende Zeichnung enthält die OC-Kurve eines Tests einer Hypothese über den Parameter μ, bei dem die Normalverteilung verwendet wurde.
a) Wie lautet die Nullhypothese des Tests?
b) Wie groß ist das Signifikanzniveau?
c) Welchen Wert hat die Annahmekenn-zahl?
d) Wie groß ist $\sigma_{\bar{x}}$ (ungefähr)?

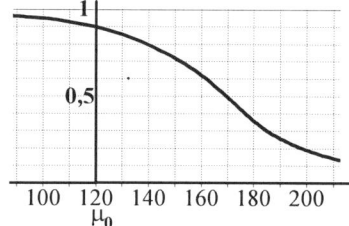

11.0.16 Welche Aussagen über die Operationscharakteristik $\beta(\mu)$ eines Tests für den Mittelwert μ eines quantitativen Merkmals sind richtig?
a) $\beta(\mu)$ ist der Fehler 2. Art.
b) $\beta(\mu)$ ist der Fehler 1. Art.
c) $\beta(\mu)$ ist die Wahrscheinlichkeit der Nichtablehnung von H_0 in Abhängigkeit von μ.
d) $\beta(\mu)$ ist die Wahrscheinlichkeit der Nichtablehnung von H_1 in Abhängigkeit von μ.
e) $\beta(\mu)$ und Signifikanzniveau α ergänzen sich immer zu 1.
f) $\beta(\mu)$ und $1 - \alpha$ ergänzen sich immer zu 1.
g) $1-\beta(\mu)$ ist die Wahrscheinlichkeit eines Fehlers 1. Art.
h) $1-\beta(\mu)$ ist die Wahrscheinlichkeit der Ablehnung von H_0 in Abhängigkeit von μ.
i) $1-\beta(\mu)$ ist die sogenannte Gütefunktion des Tests.
j) Keine der vorstehenden Aussagen ist richtig.

11.0.17 Für den Parameter μ eines $N(\mu,\sigma)$-verteilten Merkmals X wird ein Test mit H_0: $\mu \leq \mu_0$ zum Signifikanzniveau α durchgeführt.
Warum gilt für die OC-Kurve $\beta(\mu)$ für alle $\mu \leq \mu_0$ die Beziehung $\beta(\mu) \geq 1-\alpha$?

11.0.18 Welche Aussagen über einen statistischen Test einer Hypothese über den Parameter μ einer normalverteilten Grundgesamtheit sind falsch?
a) Das Signifikanzniveau α gibt die Wahrscheinlichkeit für die Ablehnung der Nullhypothese an.
b) Die Wahrscheinlichkeit β für den Fehler 2. Art wird um so kleiner, je weiter μ von μ_0 entfernt ist.
c) Trifft $\mu = \mu_0$ zu, so ist $\alpha+\beta = 1$.
d) Die Operationscharakteristik verläuft um so steiler, je kleiner μ_0 ist.
e) Beim einseitigen Test gilt an der Stelle der Annahmekennzahl $\beta = 0{,}5$.
f) Die Annahmekennzahl gibt die Wahrscheinlichkeit für die Nichtablehnung der Nullhypothese an.

11.0.19 Paul bezieht von einem westbayerischen Keksdrechsler runde Kekse, deren Durchmesser normalverteilt sind. Der Solldurchmesser der Kekse beträgt $\mu_0 = 237$ mm. Paul erhält eine Tonne Kekse und möchte diese Lieferung bei einem mittleren Durchmesser von $\mu \leq \mu_1 = 225$ mm nur mit einer Wahrscheinlichkeit von 0,02 annehmen. Das Produzentenrisiko beträgt 0,05. Bestimmen Sie den Stichprobenplan ($\sigma = 24$).

11.0.20 Welche der folgenden Aussagen über Signifikanzniveau, Operationscharakteristik und Fehler 1. und 2. Art sind richtig?
a) Die Verwerfung einer falschen Nullhypothese ist der Fehler 1. Art.
b) Die Verwerfung einer richtigen Nullhypothese heißt Fehler 2. Art.
c) Die Nichtverwerfung einer falschen Nullhypothese heißt Fehler 1.Art.
d) Das Signifikanzniveau ist die Wahrscheinlichkeit für den Fehler 1. Art.
e) Die Operationscharakteristik gibt die Wahrscheinlichkeit für die Annahme der Nullhypothese für verschiedene Parameterwerte an.
f) Die Operationscharakteristik gibt die Wahrscheinlichkeit für die Annahme einer falschen Hypothese für verschiedene Signifikanzniveaus an.
g) Die Operationscharakteristik ist der Fehler 2. Art oder β-Fehler.
h) Bei einem Parametertest sinkt die Wahrscheinlichkeit eines Fehlers 2. Art bei festem Signifikanzniveau mit dem Stichprobenumfang.
i) Bei einem Parametertest sinkt die Wahrscheinlichkeit eines Fehlers 2. Art bei festem Signifikanzniveau mit zunehmendem Stichprobenumfang.
j) Bei einem Parametertest sinkt die Wahrscheinlichkeit eines Fehlers 2. Art bei festem Stichprobenumfang mit zunehmendem Signifikanzniveau.
k) Bei einem Parametertest sinkt die Wahrscheinlichkeit eines Fehlers 2. Art nur bei einer Erniedrigung des Stichprobenumfangs und gleichzeitiger Senkung des Signifikanzniveaus.

11.0.21 Welche Bedingung für α und β muss gelten, damit sich in Aufgabe 11.0.20 als Annahmekennzahl $c_u = 231$ ergibt?

11.0.22 Aufgrund einer Zufallsstichprobe vom Umfang $n = 40$ aus einer normalverteilten Grundgesamtheit soll die Hypothese $\mu \leq \mu_0 = 500$ überprüft werden.
Für welche Werte der Prüfgröße $\overline{X}$ kann man ohne Berechnung der Annahmekennzahl zu einer Testentscheidung kommen?

11.0.23 Es sei H_0: $\mu \leq \mu_0 = 20$; H_1: $\mu \geq \mu_1 = 30$ und $\alpha = 0{,}05$; $\beta = 0{,}05$. Es soll die Annahmekennzahl c bestimmt werden (normalverteilte Grundgesamtheit).
a) Wie groß ist c?
b) Wie verändert sich der Stichprobenplan, wenn man das errechnete c unverändert lässt und n vergrößert?

11.0.24 Ein Produzent von Transistoren behauptet, dass in seinen Lieferungen höchstens 5% der Stücke die geforderten Sollwerte nicht einhalten. Ein Radiogerätehersteller, der die Transistoren in seine Geräte einbaut, möchte sicherstellen, dass Lieferungen mit einem Anteil von 8% oder mehr Transistoren, die die Norm nicht erfüllen, nur mit einer Wahrscheinlichkeit von höchstens 1% angenommen werden. Der Produzent ist bereit, ein Risiko von 5% einzugehen, dass eine Lieferung, die seiner Qualitätszusage entspricht, zurückgewiesen wird.

Wie groß ist der notwendige Stichprobenumfang, um unter den genannten Bedingungen über Annahme oder Ablehnung einer sehr großen Lieferung zu entscheiden? (Es kann eine unendliche Grundgesamtheit und Normalverteilung unterstellt werden.)

11.0.25 Welche Aussagen zu statischen Testverfahren sind immer richtig?

a) Bei einem einseitigen Test nimmt die OC-Kurve an der Stelle der Annahmekennzahl c den Wert 0,5 an ($\beta(c) = 0,5$).

b) Ein Signifikanzniveau von α bedeutet, dass eine richtige Nullhypothese mit einer Wahrscheinlichkeit von mindestens 1-α nicht abgelehnt wird.

c) Ein Signifikanzniveau von α bedeutet, dass die Nullhypothese mit einer Wahrscheinlichkeit von α falsch ist.

d) Wenn die Nullhypothese abgelehnt wird, kann sie mit einer Wahrscheinlichkeit von α trotzdem richtig sein.

e) Beim einseitigen Test kann die Wahrscheinlichkeit für die Ablehnung einer richtigen Nullhypothese auch kleiner als das Signifikanzniveau sein.

12   Testverfahren

12.1   Test für Erwartungswert bzw. Mittelwert

12.1.1   Die annähernd normalverteilten Wartezeiten der Studenten bei der Semesterrückmeldung betrugen an einer Universität im Durchschnitt 50 Minuten. Nach der Umstellung auf ein computerunterstütztes Rückmeldeverfahren wurde die durchschnittliche Wartezeit für 12 zufällig ausgewählte Studenten ermittelt. Sie betrug 42 Minuten mit einer Standardabweichung von 11,9 Minuten. Überprüfen Sie anhand eines Tests, ob sich die durchschnittliche Wartezeit verringert hat (Signifikanzniveau 1 %).

12.1.2   Eine Konservenfabrik nimmt nur Kartoffeln, deren Durchschnittsgewicht mindestens 20 g bei einer Standardabweichung von 6 g beträgt.
a) Die Konservenfabrik entnimmt der Kartoffelernte eines Bauern zufällig 36 Kartoffeln und stellt ein Durchschnittsgewicht von 17,9 g fest. Kann die Hypothese, die Kartoffeln des Bauern entsprechen den Annahmebedingungen der Konservenfabrik, abgelehnt werden? (Signifikanzniveau 2,275 %)
b) Die Konservenfabrik entnimmt Stichproben vom Umfang 49. Mit welcher Wahrscheinlichkeit nimmt sie Kartoffellieferungen an, obwohl bei diesen – bei einer Standardabweichung von 7 g – das Durchschnittsgewicht höchstens 16,5 g beträgt? (Signifikanzniveau 2,275 %)

12.1.3   Der Bauer B. Auer behauptet, dass seine Kartoffeln ein Durchschnittsgewicht von mindestens 100 g haben. Über die Verteilung und Streuung der Gewichte gibt er jedoch keine Auskunft. Bauer N. Eider glaubt ihm nicht und kauft 26 Kartoffeln. Das Durchschnittsgewicht beträgt 97 g und die Standardabweichung 12 g.
a) Kann Bauer N. Eider die Behauptung des Bauern B. Auer widerlegen, wenn eine Irrtumswahrscheinlichkeit von 5 % angenommen wird?
b) Um sicher zu gehen, kauft N. Eider am nächsten Tag 37 Kartoffeln, die wieder das gleiche Durchschnittsgewicht und die gleiche Standardabweichung haben. Kann sich Bauer N. Eider jetzt bei einem Signifikanzniveau von 5 % sicher sein?

12.1.4 Bei einer Lieferung von 100 Säcken Kalk soll aufgrund einer Zufallsstichprobe vom Umfang $n = 19$ das durchschnittliche Sollgewicht von mindestens 50 kg je Sack überprüft werden. Die Gewichte sind (annähernd) normalververteilt mit $\sigma^2 = 19$. Es ist $\bar{x} = 48,2$.
Wird die Lieferung bei einem Signifikanzniveau von 1 % angenommen?

12.1.5 Die G.R.P. (*Gesellschaft für die Rettung des Porzellans*) ist überzeugt, dass die durchschnittliche Anzahl der beim Streit zwischen Mann und Frau zerstörten Porzellangegenstände mindestens 20 Stück pro Monat und Haushalt beträgt (Standardabweichung $\sigma = 4$). Aufgrund einer Stichprobe vom Umfang $n = 64$ wird eine durchschnittliche Anzahl von 19 zerstörten Stücken festgestellt. Wird bei einer Irrtumswahrscheinlichkeit von 1% die G.R.P.-Behauptung widerlegt?

12.1.6 Es wird behauptet, die Durchschnittsschlafdauer von Studenten in Vorlesungen sei höchstens 5 h/Woche. Der Student W. Ach findet in einer Stichprobe vom Umfang $n = 10$ eine durchschnittliche Schlafdauer von $\bar{x} = 7$ h/Woche bei $s = 3$.
Überprüfen Sie damit bei einem Signifikanzniveau von 5 % die Behauptung. (Es ist anzunehmen, dass die Schlafdauer normalverteilt ist und dass die Grundgesamtheit 1.000 Studenten umfasst.)

12.1.7 Bei einem statischen Test mit einem Signifikanzniveau von 5 % und $n = 65$ über die Füllmenge von Teepackungen, die von einem neuartigen Automaten mit dem Sollwert H_0: $\mu = \mu_0 = 100$ g abgefüllt werden, wurden die Annahmekennzahlen errechnet: $c_u = 96,08$ und $c_o = 103,92$.
a) Wie groß ist $\sigma_{\bar{x}}$?
b) Angenommen, der Automat füllt tatsächlich Pakete ab, die im Mittel 104 g wiegen.
Wie groß ist dann die Wahrscheinlichkeit, dass die Nullhypothese aufgrund des Tests nicht abgelehnt werden kann?

12.2 Test für Anteilswerte

12.2.1 Ein Jäger behauptet, dass er höchstens 20 % aller Wildenten, auf die er schießt, nicht trifft. Gestern gab er 15 Schüsse ab und brachte nur 9 Wildenten mit nach Haus. Kann seine Behauptung deshalb als Jägerlatein bezeichnet werden? (Signifikanzniveau 5 %)

12.2.2 Ein Losverkäufer behauptet, in seiner Lostrommel, die 500 Lose enthält, sei mindestens jedes 4. Los ein Gewinn. Der Student Paul kauft daraufhin 20 Lose, unter denen 2 Gewinne sind. Ist damit die Behauptung des Losverkäufers statistisch widerlegt? (Signifikanzniveau 5 %)

12.2.3 Ein Hersteller liefert Fliesen, von denen höchstens 20 % zweite Wahl sein sollen. Der Empfänger testet die Lieferung, indem er 100 Fliesen prüft.

a) Wie lauten Nullhypothese und Alternativhypothese?

b) Der Empfänger akzeptiert die Lieferung, falls höchstens 25 Fliesen zweite Wahl sind. Bei welchem Signifikanzniveau trifft er seine Entscheidung?

12.2.4 Das Finanzamt in B. nahm bei einer Firma für Autoreparaturen eine Betriebsprüfung auf Stichprobenbasis vor und stellte bei der Prüfung von 50 Abrechnungsbelegen 2 fehlerhafte Belege fest. Da die Beamten Anweisung hatten, bei mehr als 2 % fehlerhaften Abrechnungsbelegen die Möglichkeit der Steuerhinterziehung zu prüfen, wurden alle Akten der Firma beschlagnahmt.

Ist das Vorgehen der Beamten gerechtfertigt, wenn man für die Stichprobenprüfung ein Signifikanzniveau von 5 % zugrunde legt?

12.2.5 Ein Vertreter der Gruppe Bauern für Chemie (*BafüCh*), eine Vereinigung von Landwirten, die für die chemische Gesunderhaltung ihres Obstes eintreten, verkündet, dass bei den Äpfeln seiner Bauern nur 5 % wurmbefallen seien. Dies lässt einen Vertreter der Gruppe für Naturobst (*Nato*), die jedes Spritzen von Obst ablehnt, nicht ruhen. In einer Stichprobe von 100 Äpfeln seiner Bauern findet er 2 Äpfel mit Würmern.

a) Kann man schließen, dass die Äpfel der *Nato* wurmfreier als die der *BafüCh* sind? (Signifikanzniveau 5 %)

b) Wie groß ist das tatsächliche Signifikanzniveau α^* des Tests?

12.2.6 Bei Professor Satanus liegt die Durchfallquote der Studenten bei 20 %. Bei dem neuen Professor Hilfus, der die gleiche Vorlesung hält, soll diese Durchfallquote nach Aussagen von früheren Studenten niedriger liegen. Eine Auswertung von 64 zufällig ausgewählten Prüfungen ergab 5 durchgefallene Studenten.

Lohnt es sich, bei Professor Hilfus die Klausur zu schreiben? (Signifikanzniveau 1 %)

12.2.7 Ein Großhändler hat den Verdacht, dass die ihm gelieferte Ware eine Ausschussquote hat, die größer als 3 % ist. In einer Stichprobe vom Umfang $n = 60$ findet er 3 defekte Stücke.
Ist sein Verdacht gerechtfertigt? (Signifikanzniveau 2 %)

12.3 Test für die Varianz

12.3.1 Eine Zufallsstichprobe des Umfangs 20 aus einer normalverteilten Grundgesamtheit hat den Mittelwert 32,8 und die Varianz 4,51 geliefert. Ist damit bei einem Signifikanzniveau von 5 % statistisch gesichert, dass die Varianz der Grundgesamtheit kleiner als 6 ist?

12.3.2 Eine Zufallsstichprobe des Umfangs 18 aus einer normalverteilten Grundgesamtheit hat den Mittelwert 160 und die Standardabweichung 4 geliefert.
Ist damit bei einem Signifikanzniveau von 1 % statistisch gesichert, dass die Varianz der Grundgesamtheit größer als 12 ist?

12.4 Differenzentest ·

12.4.1 In einer Klausur erreichte die Gruppe A eine Durchschnittspunktzahl von 55 Punkten bei einer Standardabweichung von 8. Die Gruppe B hatte durchschnittlich 45 Punkte bei einer Standardabweichung von 12. Gruppe A bestand aus 65 und Gruppe B aus 49 Studenten.
Wichen die durchschnittlichen Punktzahlen bei einem Signifikanzniveau von 1 % signifikant voneinander ab?

12.4.2 Es werden zwei unabhängige Stichproben der Umfänge $n_1 = 25$ und $n_2 = 25$ aus den wehrpflichtigen Soldaten der Nachschubkompanie 20 und den Studenten der Wirtschaftswissenschaften der TU Braunschweig gezogen und das Alter ermittelt. Als Durchschnittsalter und Varianzen erhält man $\overline{x}_1 = 20,8$, $s_1^2 = 4$; $\overline{x}_2 = 22,3$, $s_2^2 = 8$.
Es ist zu testen, ob die Mittelwerte beider Grundgesamtheiten, die als näherungsweise normalverteilt angesehen werden können, übereinstimmen. (Signifikanzniveau 1 %)

12.4.3 Bei einer Meinungsumfrage haben von 100 Befragten in einer Großstadt 20 angegeben, dass sie sich nicht für den Ausgang der Fußballweltmeisterschaft interessieren. Auf dem Lande waren es nur 11 von 100. Kann daraus geschlossen werden, dass sich die Landbevölkerung mehr für Fußball interessiert als die Stadtbevölkerung? (Signifikanzniveau 10 %)

12.4.4 Alle Mitglieder zweier Gruppen A und B, die aus jeweils 100 Personen bestehen, leiden an der K.L.S.-Krankheit (*Keine Lust zu Statistik*). Man gibt Gruppe A ein Heilmittel gegen die Krankheit, aber nicht der Gruppe B. Es stellt sich heraus, dass in den Gruppen A und B 75 bzw. 65 Personen wieder gesund werden.
Testen Sie die Hypothese, dass das Mittel bei der Heilung der Krankheit hilft. (Signifikanzniveau 10 %)

12.4.5 Zwei Städte A und B haben die gleiche Anzahl Bewohner, aber die Anteile der Männer und Frauen in jeder Stadt sind unbekannt. In einer Stichprobe vom Umfang 50 für jede Stadt erhält man 20 Frauen bei A und 30 Frauen bei B.
Testen Sie bei einem Signifikanzniveau von 1 % die Hypothese, dass in beiden Städten der Anteil von Frauen gleich ist.

12.5 Quotiententest

12.5.1 Eine Fabrik für Kartoffelfertigprodukte hat Angebote von zwei Importeuren für italienische Kartoffeln vorliegen. Dabei sind die Angebotspreise der Firma 1 günstiger als die der Firma 2. Die Kartoffeln sollen maschinell verarbeitet werden, deswegen dürfen die Durchmesser der Kartoffeln nur eine geringe Streuung aufweisen. Aus beiden Angeboten werden Zufallsstichproben vom Umfang $n = 100$ gezogen.
Man findet bei beiden Stichproben für den Durchmesser der Kartoffeln den gleichen Mittelwert. Die Kartoffeln der Stichprobe der Firma 1 haben eine Varianz der Durchmesser von $s_1^2 = 10$, die der Firma 2 von $s_2^2 = 7,5$.
Die Firma will die Kartoffeln des Importeurs 2 natürlich nur kaufen, wenn statistisch sicher ist (Signifikanzniveau 1 %), dass die Varianz der Durchmesser kleiner ist.
Wie wird sich die Firma entscheiden?
Die Kartoffeldurchmesser seien normalverteilt.

12.5.2 Aus zwei normalverteilten Grundgesamtheiten werden zwei Stichproben vom Umfang $n_1 = 21$ und $n_2 = 31$ gezogen. Die Stichprobenvarianzen betragen $s_1^2 = 62$ und $s_2^2 = 42$.

Kann daraus bei einem Signifikanzniveau von 10 % geschlossen werden, dass die Varianzen der Grundgesamtheiten verschieden sind?

12.6 Vorzeichentest und Vorzeichenrangtest

12.6.1 Um zwei Methoden A und B zur Messung des Blutalkoholgehalts zu vergleichen, wird bei 12 Testpersonen jeweils mit beiden Methoden der Alkoholgehalt im Blut bestimmt. Man erhält folgendes Ergebnis (in ‰):

A	1,45	0,76	0,96	1,53	0,93	0,85	1,35	0,50	0,80	1,82	1,60	1,30
B	1,39	0,77	0,95	1,51	0,90	0,83	1,30	0,49	0,82	1,73	1,54	1,21

Prüfen Sie mit Hilfe des Vorzeichentests, ob ein signifikanter Unterschied zwischen den beiden Methoden besteht. (Signifikanzniveau 5 %)

12.6.2 Eine Befragung von 10 Studenten über ihr monatliches verfügbares Einkommen ergab folgende Werte: 900, 550, 750, 600, 700, 950, 750, 650, 690, 630.

Prüfen Sie damit die Hypothese H_0: die Grundgesamtheit hat den Zentralwert $\overline{X}_{Z0} = 750$ EUR. (Signifikanzniveau 5%)

12.6.3 Zwei neue Wachhaltemittel werden an 10 Studenten erprobt, die regelmäßig die Statistikübungen besuchen. Am Ende des Semesters geben die Studenten an, welches Mittel (A oder B) ihnen am besten geholfen hat, die Übung wach zu überstehen:

Student Nr.	1	2	3	4	5	6	7	8	9	10
A	×	×		×	×	×	×		×	×
B			×					×		

Prüfen Sie bei einem Signifikanzniveau von 10 %, ob beide Mittel unterschiedlich wirken.

12.6.4 Aus einer nicht normalverteilten Grundgesamtheit wird eine Stichprobe gezogen, die folgende Werte liefert: 12, 8, 9, 7, 11, 16, 9, 10, 12, 13, 9, 8, 11, 14, 18, 13.

Prüfen Sie damit die Hypothese H_0: Die Grundgesamtheit hat den Zentralwert $\overline{X}_Z = \overline{X}_{Z0} = 15$. (Signifikanzniveau 5 %)

12.6.5   Um die Wirksamkeit des neuen, umweltfreundlichen und energie-
sparenden Waschmittels OMIAL (mit Sparenzymen und temperaturbegren-
zenden Silikaten) zu überprüfen, wurden 15 nach hausfraulichen Gesichts-
punkten verschmutzte Wäschestücke geteilt und jeweils eine Hälfte mit dem
neuen OMIAL und die andere mit einem herkömmlichen Vollwaschmittel
(SUPERWEISS) gewaschen. Danach wurde von erfahrenen Waschfrauen
die Sauberkeit der Wäschestücke geprüft. Sie vergaben jeweils für *keine
Flecken festzustellen* ein + und für *noch ein oder mehr Flecken festzustellen*
ein −.

Wäschestück	1	2	3	4	5	6	7	8	9	10	11	12	13	14	15
mit OMIAL gewaschen	+	−	+	+	+	−	−	−	−	+	+	+	+	+	+
mit SUPERWEISS gew.	+	+	−	−	+	−	+	+	+	−	−	−	−	−	−

Ist ein Unterschied zwischen dem alten und dem neuen Waschmittel statistisch nachweisbar? (Signifikanzniveau 2 %)

12.6.6   Ein Pharmakonzern testet die beiden neuen Schlafmittel A und B
an 10 Personen. Für die Schlafdauer ergeben sich folgende Ergebnisse:

Person	1	2	3	4	5	6	7	8	9	10
Schlafdauer in Std. mit A	10	9	8	9	10	11	9	8	7	11
Schlafdauer in Std. mit B	9	11	7	12	13	14	8	11	8	14

Prüfen Sie mit Hilfe des Vorzeichen-Rang-Tests, ob ein signifikanter Unterschied bei der Wirkung zwischen A und B besteht. (Signifikanzniveau 5 %)

12.7 χ^2-Anpassungstest

12.7.1   Eine Urne enthält eine sehr große Anzahl von Kugeln in vier verschiedenen Farben: rot, orange, gelb und grün. Eine Stichprobe von 40 Kugeln, die zufällig aus der Urne gezogen wurden, zeigte 10 rote, 12 orange, 8
gelbe und 10 grüne Kugeln.
Testen Sie die Hypothese, dass die Urne gleiche Anteile der verschiedenen
farbigen Kugeln enthält. (Signifikanzniveau 5 %)

12.7.2 Ein Spieler vermutet, dass von den 4 Münzen, mit denen er spielt, mindestens eine gefälscht ist. Um das zu prüfen, wirft er 160-mal seine 4 Münzen und erhält folgende Verteilung für *Zahl*:

Anzahl *Zahl*	0	1	2	3	4
Beobachtete Anzahl	15	54	55	30	6

a) Welche Verteilung muss sich für die Zufallsvariable Anzahl *Zahl* beim Werfen von 4 Münzen ergeben, wenn es sich um ideale Münzen handelt?
b) Prüfen Sie mit Hilfe des χ^2-Testes, ob die Münzen des Spielers ideal sind und interpretieren Sie das Ergebnis. (Signifikanzniveau 5 %)
c) Wie kann der Test durchgeführt werden, wenn der Spieler nur eine Münze hat, die er jeweils 4-mal wirft?

12.7.3 Für die Dimensionierung von Linksabbiegespuren an Straßenkreuzungen wird häufig angenommen, dass die Ankunftsrate von Linksabbiegern poissonverteilt ist mit $\mu = 2,5$.
An einer Kreuzung wurde im Rahmen einer Verkehrserhebung die Anzahl der Linksabbieger festgehalten. Die Auswertung von 620 Lichtsignalumlaufzeiten ergab folgende Verteilung:

Fahrzeuge pro Umlaufzeit	0	1	2	3	4	5	6	7	8	9
absolute Häufigkeit	64	137	161	127	70	35	17	4	4	1

Überprüfen Sie, ob die Ankünfte tatsächlich poissonverteilt sind mit dem Erwartungswert 2,5. (Signifikanzniveau 5 %)

12.7.4 Folgende Verteilung wurde in einer Stichprobe beobachtet:

x	unter 10	10 b. u. 20	20 b. u. 30	30 b. u. 40	40 und mehr
$h(x)$	46	129	331	347	147

Prüfen Sie die Hypothese, die Grundgesamtheit sei $N(30;10)$-verteilt. (Signifikanzniveau 1 %; die *he*-Werte können ganzzahlig gerundet werden.)

12.7.5 Bernd M. (26) bestreitet, dass die Punktzahl X von WiWi-Studenten in der Statistikklausur keine *kryptonormative Polydiskriminalverteilung* hat, die, wie allgemein nicht bekannt ist, folgendermaßen aussieht:

Klausurpunktzahl x	$0 < x \leq 30$	$30 < x \leq 50$	$50 < x \leq 70$	$70 < x \leq 100$
$f_X(x_j)$	0,1	0,2	0,3	0,4

In einer Klausur mit 100 Teilnehmern ergibt sich nun folgende Punkteverteilung:

Klausurpunktzahl x	$0 < x \le 30$	$30 < x \le 50$	$50 < x \le 70$	$70 < x \le 100$
$h(x_j)$	6	15	39	40

Kann damit Bernd M.'s Behauptung bei einem Signifikanzniveau von 5 % als statistisch gesichert gelten?

12.8 χ^2-Unabhängigkeitstest

12.8.1 Die Erhebung von Familienstand und Schminkeverbrauch (Gramm pro Woche) bei 200 ausgewählten Frauen hat folgendes Ergebnis geliefert.

	0 b. u. 20	20 b. u. 30	30 b. u. 40	40 b. u. 50
verheiratet	65	20	10	5
ledig	15	10	30	5
geschieden	10	10	10	10

Prüfen Sie, ob die Merkmale voneinander abhängig sind. (Signifikanzniveau 5 %)

12.8.2 Die Tabelle auf der folgenden Seite zeigt die Leistungen von Studenten in Mathematik und Statistik.
Sind die Leistungen voneinander abhängig? (Signifikanzniveau 5 %)

		Mathe-Note: gut	Mathe-Note: mittel	Mathe-Note: schlecht
Stati-	gut	10	6	4
stik-	mittel	12	24	4
Note	schlecht	2	2	16

12.8.3 Aufgrund einer Stichprobe von 100 Studenten soll geprüft werden, ob eine Abhängigkeit zwischen Fachrichtung und Essensauswahl in der Mensa vorliegt. (Signifikanzniveau 5 %)

	Wirtschaftswissenschaften	Elektrotechnik	Maschinenbau
Essen 1	7	6	17
Essen 2	6	8	6
Essen 3	7	6	7
Essen 4	5	8	7
Essen 5	5	2	3

12.8.4 Ein Bauunternehmer bezieht Fertigfenster von den drei Firmen *Glasig*, *Klüsig* und *Taugtnix*. Innerhalb eines Jahres nach Einbau erhält er 100 Reklamationen. Es werden folgende Fehler bemängelt:

(A) Die Fenster werden blind.
(B) Die Fenster bekommen Risse.
(C) Die Fenster lassen sich nicht mehr schließen.

Der Hausstatistiker der Firma stellt eine Kontingenztabelle auf:

		Glasig	Klüsig	Taugtnix
	A	15	20	5
Fehler	B	18	10	2
	C	5	20	5

Lässt sich aus diesen Angaben auf eine Abhängigkeit der Fehlertypen von der Herstellerfirma schließen? (Signifikanzniveau 5%)

12.8.5 Die Untersuchung der Abhängigkeit der Merkmale
Kinderzahl (0; 1; 2; 3 und mehr) und
Religionszugehörigkeit (ev., kath., sonstige)
aufgrund einer Stichprobe vom Umfang $n = 75$ hat für die Stichprobenwerte einen korrigierten Kontingenzkoeffizienten von $C_{korr} = 0,5$ ergeben.
Ist die Abhängigkeit statistisch signifikant? (Signifikanzniveau 1%)

12.8.6 Es wird behauptet, dass die Merkmale X und Y voneinander abhängen. Eine Stichprobe liefert folgendes Ergebnis:

	y_1	y_2	y_3	y_4
x_1	15	60	40	35
x_2	10	70	20	50
x_3	70	60	10	10
x_4	5	10	30	5

Prüfen Sie die Behauptung. (Signifikanzniveau 5%)

12.8.7   Eine Statistik-Klausur mit 100 Studenten verschiedener Fachrichtungen hat das in der Tabelle angegebene Ergebnis geliefert.

Note	1	2	3	4	5
Wirtschaftswissenschaften	5	5	20	20	10
sonstige Studenten	5	10	5	10	10

Prüfen Sie, ob bei einem Signifikanzniveau von 5 % ein Zusammenhang besteht.

Lösungen

1.0.1   **a)** Statistische Einheit: Student der Universität Hannover
Statistische Masse: alle Studenten der Universität Hannover
sachliche Abgrenzung: für die Landtagswahl wahlberechtigter Student
                              (Hauptwohnsitz in Niedersachsen, Deutscher, ...)
räumliche Abgrenzung: Universität Hannover
zeitliche Abgrenzung: Tag der Wahl und Tag der Umfrage
b) Statistische Einheit: Orange
Statistische Masse: alle Orangen
sachliche Abgrenzung: Orangen aus Marokko
räumliche Abgrenzung: Großmarkt in Braunschweig
zeitliche Abgrenzung: Untersuchungszeitraum (z.B. von 8 Uhr am Vor-
                              tag bis 8 Uhr des Prüftags)
c) Statistische Einheit: Jugendlicher
Statistische Masse: alle Jugendlichen
sachliche Abgrenzung: männliche deutsche Jugendliche, die noch keinen
                              Wehr- oder Ersatzdienst geleistet haben.
räumliche Abgrenzung: Deutschland
zeitliche Abgrenzung: Untersuchungszeitraum

1.0.2   **a)**, **c)** und **d)** Ereignismassen.
b) Bestandsmasse; korrespondierende Ereignismassen: Neudrucke und Neuprägungen, Vernichtung von Geldscheinen und -stücken.
e) Bestandsmasse; korrespondierende Ereignismassen: Zuschauer, die das Stadion betreten; Zuschauer, die das Stadion verlassen.

1.0.3   **a)** Merkmalsträger: gestorbene Raucher
Merkmal: Todesursache; Merkmalsausprägungen: Lungenkrebs, ...
b) Merkmalsträger: Student
Merkmal: Fachsemester; Merkmalsausprägungen: 1., 2., 3., ...
c) Merkmalsträger: Biersorte (z.B. Füllmenge einer Flasche, 1 Liter)
Merkmal: Alkoholgehalt; Merkmalsausprägungen: 3 Vol%, 4 Vol%, ...

1.0.4   a) stetig; b) diskret; c) diskret; d) stetig; e) diskret; f) stetig

1.0.5   Richtig: d), f), i) und j).

1.0.6   a) Intervallskala;   b) Verhältnisskala;   c) Verhältnisskala;
           d) Nominalskala;   e) Absolutskala;   f) Nominalskala;
           g) Ordinalskala;   h) Ordinalskala.

1.0.7   Ordinalskala

1.0.8   a1) zulässig;   a2) zulässig;   b) zulässig;   c) zulässig;
           d1) zulässig;   d2) unzulässig; d3) zulässig.

1.0.9   a) Nominalskala, häufbar   b) Rangskala, nicht häufbar
           c) Nominalskala, nicht häufbar   d) Verhältnisskala, nicht häufbar
           e) Verhältnisskala, nicht häufbar f) Nominalskala, nicht häufbar
           g) Ordinalskala, häufbar   h) Absolutskala, nicht häufbar
           i) Intervallskala, nicht häufbar   j) Nominalskala, häufbar

1.0.10   a) Nominalskala   b) Verhältnisskala
           c) Absolutskala   d) Ordinalskala

1.0.11   a) Kartogramm; b) Säulen- oder Kreisdiagramm; c) Kartogramm;
d) Liniendiagramm oder eine Folge von Säulendiagrammen; e) siehe d).

1.0.12	Obst				Gemüse			Gesamt-
Jahr	Äpfel	Birnen	Pflaumen	Ges.	Kohl	Salat	Ges.	umsatz
1999								
2000								
2001								
2002								

·1.0.13	Glaswolle auf Alu				Mineralwolle auf Alu					Mineralwolle			
Monat	60	70	80	Ges.	60	70	80	100	Ges.	50	100	Ges.	Ges.
Jan.													
. . .													
Dez.													
Jahr													

1.0.14

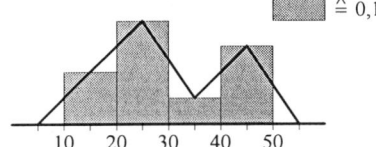

$\widehat{=} 0,1$

1.0.15 **a)** Richtig, da ein Student mehrere Hobbies haben kann.
b) Falsch, da der Stromverbrauch stetig variierbar ist.
c) Falsch, da Geldgrößen nur diskret verändert werden können.
d) Richtig, da nur natürliche Zahlen als Merkmalsausprägungen vorkommen können.

1.0.16 Ordinalskala: nur Reihenfolge, Abstände sind nicht meßbar;
Kardinalskala: auch Abstände von Ausprägungen sind meßbar.

1.0.17 Graphische Darstellung der Häufigkeitsverteilung eines klassierten Merkmals; Häufigkeiten werden als Flächen über den Klassen dargestellt.

2.1.1 **a)** und **c)**

Note	1	2	3	4	5	6
Häufigkeiten	2	5	3	2	3	1
Summenhäufigkeiten	2	7	10	12	15	16

b)

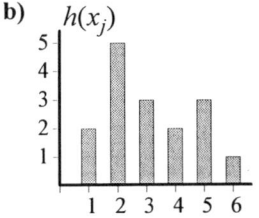

d)

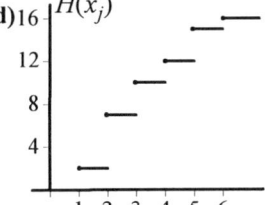

2.1.2 **a)**, **b)** und **c)**

Besuche	0	1	2	3	4	5	6	7	8	9
$h(x_j)$	6	11	5	7	7	4	5	3	1	1
$f(x_j)$	12%	22%	10%	14%	14%	8%	10%	6%	2%	2%
$H(x_j)$	6	17	22	29	36	40	45	48	49	50
$F(x_j)$	12%	34%	44%	58%	72%	80%	90%	96%	98%	100%
$HR(x_j)$	44	33	28	21	14	10	5	2	1	0
$FR(x_j)$	88%	66%	56%	42%	28%	20%	10%	4%	2%	0%

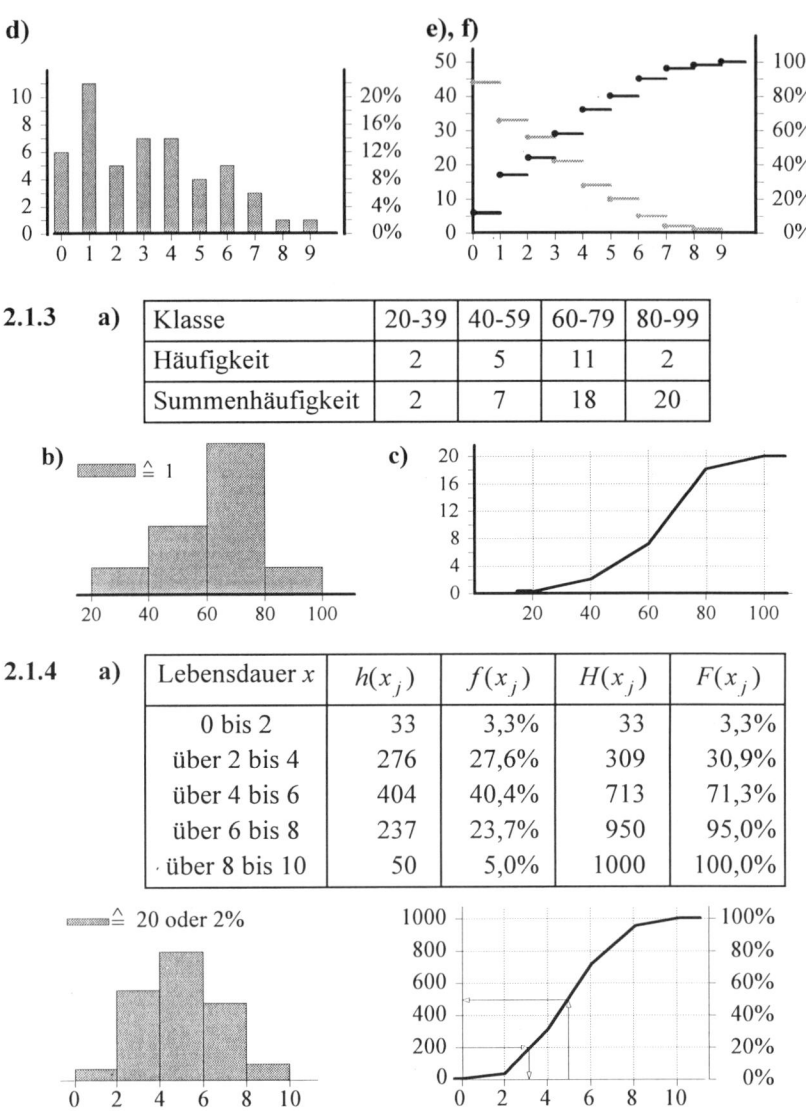

d)

e), f)

2.1.3   a)

Klasse	20-39	40-59	60-79	80-99
Häufigkeit	2	5	11	2
Summenhäufigkeit	2	7	18	20

b) ▨ ≙ 1

c)

2.1.4   a)

Lebensdauer x	$h(x_j)$	$f(x_j)$	$H(x_j)$	$F(x_j)$
0 bis 2	33	3,3%	33	3,3%
über 2 bis 4	276	27,6%	309	30,9%
über 4 bis 6	404	40,4%	713	71,3%
über 6 bis 8	237	23,7%	950	95,0%
über 8 bis 10	50	5,0%	1000	100,0%

▨ ≙ 20 oder 2%

b) Die Summenhäufigkeitsverteilung der Lebensdauern gibt an, wieviel Bildröhren ein bestimmtes Lebensalter oder weniger erreichen, d. h. sie gibt die „Höchstlebensdauer" an. Also haben 100 % − 51 % = 49 % der Bildröhren eine Lebensdauer von 5 Jahren und mehr.

c) 20 % der Bildröhren leben 3,3 Jahre und weniger, also erreichen 80 % eine Mindestlebensdauer von 3,3 Jahren.

2.1.5   **a)** $f(x = 2) = 0,2$;   **b)** $f(x = 6) = 0,0$;

          c) $f(2 < x < 4) = 0,1$;   **d)** $f(2 \leq x < 4) = 0,3$;

          e) $f(2 \leq x \leq 4) = 0,7$;   **f)** $f(2 < x \leq 4) = 0,5$;

          g) $f(x > 2) = 0,8$;   **h)** $f(x < 4) = 0,3$;

          i) $f(x \geq 2) = 1$;   **j)** $f(x \leq 4) = 0,7$.

k)

x_j	2	3	4	5	7
$f(x_j)$	0,2	0,1	0,4	0,2	0,1

2.1.6   **a)** 80%;   **b)** 3.000;   **c)** 4.500.

2.1.7   **a)** $\bar{x}_z = 5.000$; **b)** 25%;   **c)** 20%;   **d)** 6.000.

2.1.8   **a)** 30%;   **b)** 550 EUR;   **c)** 500 EUR.

2.1.9

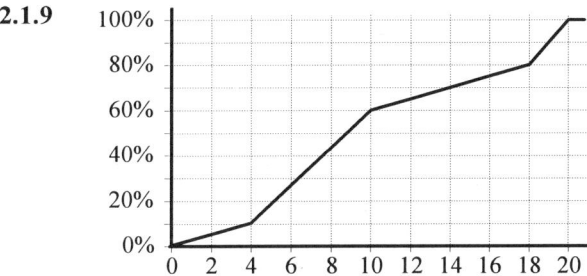

2.1.10   Folgende Fehler hat er gemacht:

(1) Anzahl der Eier ist kein stetiges Merkmal;

(2) Anzahl der Eier ist immer größer/gleich Null;

(3) relative Summenhäufigkeiten sind immer kleiner (oder gleich) 100%;

(4) relative Summenhäufigkeiten sind monoton steigend.

2.1.11   **a)**

	unter 20	unter 30	unter 60	unter 80
$H(x_j)$	30	60	90	120

b)

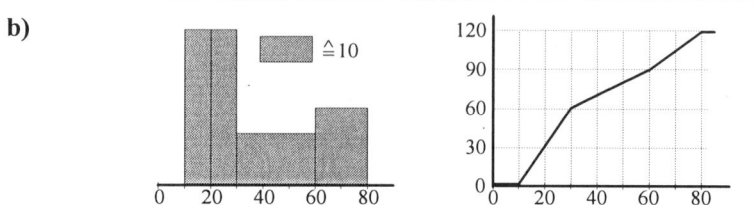

2.1.12   **a)**

x	$0 \leq x < 2$	$2 \leq x < 6$	$6 \leq x < 8$	$8 \leq x < 12$
$f(x)$	0,2	0,2	0,4	0,2

b)

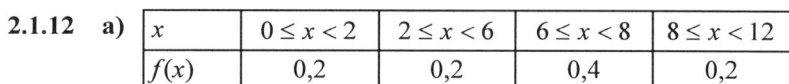

2.1.13   **a)**

x_j	1	2	3	4	5
$h(x_j)$	5	4	3	4	4
$f(x_j)$	25%	20%	15%	20%	20%
$F(x_j)$	25%	45%	60%	80%	100%

b)

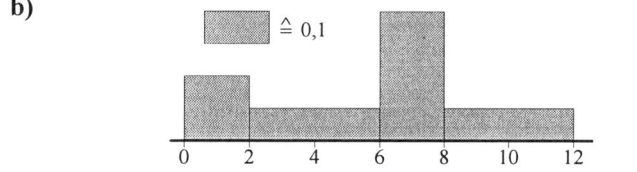

2.2.1   **a)** Zentralwert;   **b)** arithmetisches Mittel;
        c) harmonisches Mittel;   **d)** arithmetisches Mittel.

2.2.2   **a)** $\bar{x}_z = 3$;   **b)** $\bar{x}_{1/4} = 2$; $\bar{x}_{3/4} = 5$;   **c)** $\bar{x} = \dfrac{1}{11} \cdot 37 = 3{,}364$.

2.2.3   **a)** $\bar{x}_z = 200 + \dfrac{0{,}3}{0{,}5} \cdot 200 = 320$ (ℓ/Tag)

b) $\bar{x} = 0{,}2 \cdot 100 + 0{,}5 \cdot 300 + 0{,}2 \cdot 500 + 0{,}1 \cdot 800 = 350$ (ℓ/Tag)

2.2.4　　Zu berechnen ist das geometrische Mittel aus den Wachstumsfaktoren 1,2; 1,4; 1,1; 0,7.

$$\bar{x}_G = \sqrt[4]{1,2 \cdot 1,4 \cdot 1,1 \cdot 0,7} = \sqrt[4]{1,2936} = 1,06647$$

Als durchschnittliche Änderungsrate ergibt sich daraus 6,647%.

2.2.5　　$70 = K_5 = 100(1 - \bar{x}_G)^5$; daraus Berechnung von $\bar{x}_G$:

$$\sqrt[5]{0,7} = 1 - \bar{x}_G \Rightarrow \bar{x}_G = 1 - \sqrt[5]{0,7} = 0,069, \text{ also } 6,9\%.$$

2.2.6　　Legt der PKW die Gesamtstrecke $4S$ mit konstanter Geschwindigkeit V_0 zurück und benötigt er dafür die gleiche Zeit, so gilt $t = \dfrac{4S}{V_0}$.

Daraus folgt: $\dfrac{4S}{V_0} = \dfrac{S}{V_1} + \dfrac{S}{V_2} + \dfrac{S}{V_3} + \dfrac{S}{V_4}$ oder $V_0 = \dfrac{4}{\dfrac{1}{V_1} + \dfrac{1}{V_2} + \dfrac{1}{V_3} + \dfrac{1}{V_4}}$

Die gesuchte Durchschnittsgeschwindigkeit beträgt:

$$V_0 = \frac{4}{\dfrac{1}{40} + \dfrac{1}{50} + \dfrac{1}{80} + \dfrac{1}{100}} = 59,259 \text{ km/h}$$

2.2.7　　$\bar{x}_H = \dfrac{n}{\displaystyle\sum_{j=1}^{m} \dfrac{h(x_j)}{x_j}} = \dfrac{1600 + 750 + 1000 + 3600 + 1500}{\dfrac{1600}{8} + \dfrac{750}{5} + \dfrac{1000}{10} + \dfrac{3600}{12} + \dfrac{1500}{6}} = \dfrac{8450}{1000} = 8,45$

2.2.8　　**a)** $\bar{x}_z = 8$;　**b)** $\bar{x} = \dfrac{60 \cdot 100 + 38 \cdot 1.000}{100 + 1.000} = \dfrac{44.000}{1.100} = 40\%$

c) $\bar{x} = \dfrac{1000 \text{ km}}{10 \text{ Std}} = 100 \text{ km / Std}$

2.2.9　　**a)** Arithmetisches Mittel $\bar{x} = 44,4$; **b)** Zentralwert $\bar{x}_Z = 2$;
c) geometrisches Mittel 29%.

2.2.10　　**a)** Zentralwert; **b)** harmonisches Mittel ($\bar{x}_H = 4,615$);
c) geometrisches Mittel (6,13%).

2.2.11　　$\sqrt[3]{6 \cdot 4 \cdot 9} = \sqrt[3]{216} = 6$

2.2.12　　Gesamtsumme: 31 EUR; Gesamtmenge: 10 kg;

Durchschnittspreis $\dfrac{31 \text{ EUR}}{10 \text{ kg}} = 3,10 \text{EUR je kg}$.

2.2.13 $\bar{x}_H = \dfrac{3}{\dfrac{1}{60}+\dfrac{1}{10}+\dfrac{1}{30}} = \dfrac{3}{\dfrac{1+6+2}{60}} = \dfrac{180}{9} = 20$ (Minuten)

2.2.14 $\bar{x}_H = \dfrac{18.000}{\dfrac{6.000}{100}+\dfrac{6.000}{150}+\dfrac{6.000}{120}} = \dfrac{18.000}{60+40+50} = 120$ EUR/kg

2.2.15 $\bar{x} = \dfrac{9\cdot2+4\cdot3}{5} = \dfrac{18+12}{5} = 6\%$

2.2.16 **a)** $\bar{x} = \dfrac{20\cdot1,2+30\cdot1,6+50\cdot1,5}{100} = \dfrac{147}{100} = 1,47$

b) $\bar{x}_H = \dfrac{3x}{\dfrac{x}{1,2}+\dfrac{x}{1,6}+\dfrac{x}{1,5}} = \dfrac{3}{\dfrac{5}{6}+\dfrac{5}{8}+\dfrac{2}{3}} = \dfrac{3}{\dfrac{20+15+16}{24}} = \dfrac{72}{51} = \dfrac{24}{17} = 1,412$

2.2.17 $\bar{x}_{neu} = \dfrac{1}{n}(0,7n\bar{x}+0,3\cdot n\bar{x}\cdot1,1) = 0,7\cdot2500 + 0,33\cdot2500 = 2575$

2.2.18 $\bar{x}_H = \dfrac{5.000+6.000}{\dfrac{5.000}{0,1}+\dfrac{6.000}{0,08}}\cdot100\% = \dfrac{11.000}{50.000+75.000}\cdot100\% = 8,8\%$

2.2.19 Der ursprüngliche Umsatz bei Produkt A betrug 1.000.000 und bei Produkt B 500.000. Der Gesamtumsatz war also 1.500.000. Die Zuwächse sind 100.000 und 75.000. Damit ergibt sich:

$$\dfrac{100.000+75.000}{1.500.000}\cdot100\% = \dfrac{175.000}{1.500.000}\cdot100\% = 11,67\%$$

2.3.1 $\bar{x} = 1,6;\ s^2 = 0,02;\ s = 0,1414.$

2.3.2

Monatsausgaben für Bücher	x_j	$f(x_j)$	$x_j f(x_j)$	$x_j - \bar{x}$	$(x_j - \bar{x})^2$	$(x_j - \bar{x})^2 f(x_j)$
30 b. u. 40	35	0,1	3,5	-22	484	48,4
40 b. u. 50	45	0,2	9	-12	144	28,8
50 b. u. 60	55	0,2	11	-2	4	0,8
60 b. u. 70	65	0,4	26	8	64	25,6
70 b. u. 80	75	0,1	7,5	18	324	32,4
Summe			57			136,0

$\bar{x} = 57;\ s^2 = 136.$

2.3.3

	x_j	$h(x_j)$	$x_j h(x_j)$	$x_j - \overline{x}$	$(x_j - \overline{x})^2$	$(x_j - \overline{x})^2 h(x_j)$
10 b. u. 20	15	12	180	-13	169	2028
20 b. u. 30	25	23	575	-3	9	207
30 b. u. 40	35	20	700	7	49	980
40 b. u. 50	45	5	225	17	289	1445
Summe			1680			4660

$$\overline{x} = \frac{1680}{60} = 28; \quad s^2 = \frac{4660}{60} = 77,67; \quad s = \sqrt{77,67} = 8,81.$$

2.3.4   **a)** $\overline{x} = 128$; $\overline{y} = 51,2$;   **b)** $s_x = \sqrt{26} = 5,1$; $s_y = \sqrt{4,16} = 2,04$;

c) $v_x = 0,03984$; $v_y = 0,03984$.

2.3.5   Zu berechnen sind Variationskoeffizienten v. Man erhält

$v = \dfrac{160}{470} = 0,34$ für die USA und $v = \dfrac{130}{520} = 0,25$ für die Bundesrepublik

Die relative Streuung ist für die USA größer als für die Bundesrepublik.

2.3.6 $\displaystyle\sum_{i=1}^{10} x_i = n \cdot \overline{x} = 10 \cdot 8 = 80$; $\displaystyle\sum_{i=1}^{10} x_i + 1 + 3 = 84$; $\overline{x} = \dfrac{1}{12} \cdot 84 = 7$

$$s_{\text{alt}}^2 = \frac{1}{n}\sum x^2 - \overline{x}^2 \Rightarrow 16 = \frac{1}{n}\sum x^2 - 64 \Rightarrow \sum x^2 = 800$$

$$s_{\text{neu}}^2 = \frac{1}{12}\sum x^2 - 7^2 = \frac{1}{12} \cdot 810 - 49 = 18,5; \quad s_x = 4,3$$

2.3.7   **a)** $\overline{x}_Z = 5$;   **b)** $\overline{x} = \dfrac{55}{11} = 5$;   **c)** $w = 8 - 2 = 6$;

d) $s^2 = \dfrac{1}{11}(49 + 9 + 16 + 4 + 64 + 36 + 25 + 9 + 49 + 9 + 49) - 25 = 4$;   **e)** $s = 2$.

2.3.8 $\overline{x} = 12$; $s^2 = 1,25$.

2.3.9   Richtig: **b)**.

2.3.10   **a)** $\overline{x} = 3,2$;   **b)** $w = 4$;   **c)** $\overline{x}_Z = 2,5 + \dfrac{1}{0,3}(0,5 - 0,3) = 3,17$

2.3.11   **a)** $\overline{x}_Z = 7,5$;   **b)** $\overline{x} = 8$;   **c)** $d = 1,6$;   **d)** $s^2 = 3,2$ **e)** $s = 1,79$.

3.1.1

		Mathematiknote					
		1	2	3	4	5	
	1	–	–	–	–	2	2
Reli-	2	–	2	2	1	2	7
gions-	3	1	1	4	1	1	8
note	4	2	4	3	2	–	11
	5	2	–	–	–	–	2
		5	7	9	4	5	30

3.1.2 **a), c)**

Konsum-ausgaben	Einkommen			
	750 bis unt. 1250	1250 bis unt. 1750	1750 bis unter 2250	2250 bis unt. 2750
750 b. u. 1250	3	2	–	–
1250 b. u. 1750	–	2	2	–
1750 b. u. 2250	–	–	2	3
bed. Mittelw.	953,3	1300	1700	2046,7
Mittelw. Eink.	1066,7	1500	2000	2433,3

b)

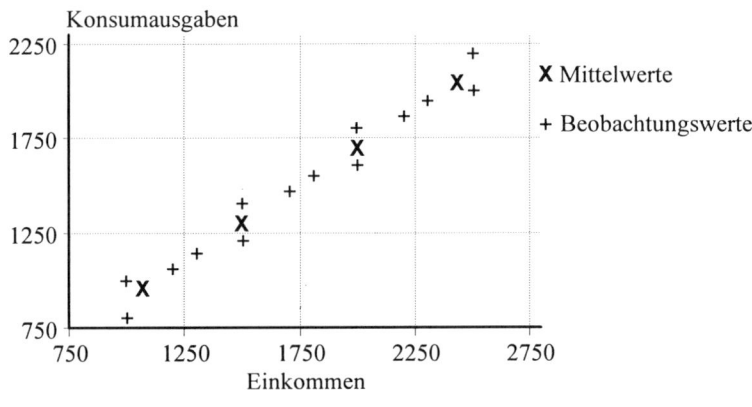

3.1.3

	x_1	x_2	
y_1	3	3	6
y_2	2	2	4
	5	5	10

3.1.4

	y_1	y_2	y_3	
x_1	0,2	0,2	0,3	0,7
x_2	0,1	0,1	<u>0,1</u>	0,3
	<u>0,3</u>	0,3	0,4	1

3.1.5   **a)** $f(x_1|y_2) = \dfrac{6}{12} = 0{,}5;$ **b)** $f(y_2|x_3) = \dfrac{1}{4} = 0{,}25;$

c) Nein, z.B. $f(x_3; y_1) = 0{,}1 \neq f(x_3) \cdot f(y_1) = \dfrac{4}{30} \cdot \dfrac{18}{30} = 0{,}08.$

3.1.6

Y	X 1	2	3	Randverteilung von Y
0	1	3	6	10
1	9	27	54	90
Randverteilung von X	10	30	60	100

3.1.7   **a)** Typ B; **b)** Nein; **c)** Nein, z. B.
$h(\text{„Kolbenfresser"}; \text{„Typ B"})$ $10 \neq h(\text{„Kolbenfresser"}) \cdot h(\text{„Typ B"}):100 = 6.$

3.1.8   Richtig: **a)**.
a) Bei Unabhängigkeit gilt:
$f(x_3; y_2) = f(x_3) \cdot f(y_2) = 0{,}14 \cdot 0{,}2 = 0{,}028;$
b) Bei Unabhängigkeit gilt:
$f(x_1|y_2) = f(x_1)$, also $f(x_1|y_2) = \dfrac{7}{100} = 0{,}07 \neq 0{,}2;$
c) analog zu **b)**: $f(y_4|x_2) = f(y_4) = 0{,}18 \neq 0{,}15;$
d) analog zu **a)**: $f(x_6; y_2) = f(x_6) \cdot f(y_2) = 0{,}1 \cdot 0{,}2 = 0{,}02 \neq 0.$

3.1.9

X	Y 1	2	5	7	10	
1	5	3	1	7	4	20
4	10	6	2	14	8	40
5	15	9	3	21	12	60
7	10	6	2	14	8	40
9	10	6	2	14	8	40
	50	30	10	70	40	200

3.1.10

	y_1	y_2	y_3	
x_1	0,2	0,1	0,2	0,5
x_2	0,2	0,1	0,2	0,5
	0,4	0,2	0,4	1

3.1.11

	x_1	x_2	x_3	
y_1	0,02	0,08	0,1	0,2
y_2	0,07	0,28	0,35	0,7
y_3	0,01	0,04	0,05	0,1
	0,1	0,4	0,5	1

3.2.1   a)

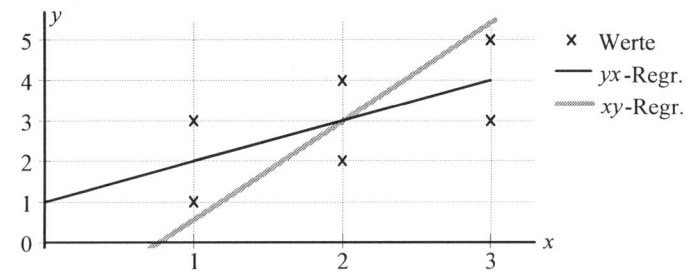

b)

x	y	x^2	y^2	xy
1	1	1	1	1
1	3	1	9	3
2	2	4	4	4
2	4	4	16	8
3	3	9	9	9
3	5	9	25	15
12	18	28	64	40

$$a_1 = \frac{28 \cdot 18 - 12 \cdot 40}{6 \cdot 28 - 12^2} = \frac{504 - 480}{168 - 144} = \frac{24}{24} = 1$$

$$b_1 = \frac{6 \cdot 40 - 12 \cdot 18}{6 \cdot 28 - 12^2} = \frac{240 - 216}{168 - 144} = \frac{24}{24} = 1$$

Die yx-Regressionsfunktion lautet also: $\hat{y} = 1 + x$.

$$a_2 = \frac{64 \cdot 12 - 18 \cdot 40}{6 \cdot 64 - 18^2} = \frac{768 - 720}{384 - 324} = \frac{48}{60} = 0,8$$

$$b_2 = \frac{6 \cdot 40 - 12 \cdot 18}{6 \cdot 64 - 18^2} = \frac{240 - 216}{384 - 324} = \frac{24}{60} = 0,4$$

Die xy-Regressionsfunktion lautet also: $\hat{x} = 0,8 + 0,4\,y$.

c) Die Regressionsgeraden schneiden sich bei $(\bar{x}; \bar{y}) = (2;3)$.

d) In beiden Fällen gilt: $\sum u_i = 0$.

3.2.2   Richtig: **c)** und **e)**.

3.2.3   Richtig: **c)** und **e)**.

3.2.4   Nur die Gerade B erfüllt das KQ-Kriterium, A und C nicht.

3.2.5   Richtig: **b)**.

3.2.6

i	x_i	y_i	x_i^2	$x_i y_i$
1	-2	1	4	-2
2	-1	1	1	-1
3	-1	3	1	-3
4	1	3	1	3
5	1	5	1	5
6	2	5	4	10
	0	18	12	12

$$a = \frac{12 \cdot 18 - 0 \cdot 12}{6 \cdot 12 - 0 \cdot 0} = \frac{216}{72} = 3; \quad b = \frac{6 \cdot 12 - 0 \cdot 18}{6 \cdot 12 - 0 \cdot 0} = \frac{72}{72} = 1; \quad \hat{y} = 3 + x.$$

3.2.7   Richtig: **a)** und **c)**.

3.2.8   Richtig: **c)** und **e)**. Falsch: **a)**, **b)** und **d)**.

Die Regressionsfunktion gibt an, wie sich y im Durchschnitt ändert, wenn x um eine Einheit verändert wird. Über die Stärke des Zusammenhangs sagt die Regressionsfunktion nichts aus. Aussagen wie in **a)** und **d)** lassen sich nur unter Heranziehen des Korrelationskoeffizienten machen. Die in **b)** angegebenen Grenzen gelten für r.

3.2.9 $\bar{x} = \dfrac{120}{20} = 6; \ \bar{y}^2 = \dfrac{\sum y^2}{n} - s_y^2 = \dfrac{800}{20} - 4 = 36; \ \bar{y} = \pm 6$;

$a = \bar{y} - b\bar{x} = \pm 6 - 0,5 \cdot 6 = \pm 6 - 3 \ \Rightarrow \ a_1 = 3; \ a_2 = -9.$

3.2.10 $b = 0,5; \ \bar{y} = a + b\bar{x} \ \Rightarrow \ 3 = a + 0,5 \cdot 6 \ \Rightarrow \ a = 0 \ \Rightarrow \ \hat{y} = 0,5x.$

3.2.11   Richtig: **b)**.

3.2.12 Wenn alle Beobachtungen auf einer Gerade liegen.

3.3.1   **a)**

x	y	x^2	y^2	xy
0	2	0	4	0
2	0	4	0	0
4	6	16	36	24
6	4	36	16	24
12	12	56	56	48

$$\bar{x} = \frac{12}{4} = 3;\ \ \bar{y} = \frac{12}{4} = 3;\ \ \textbf{COV}(x; y) = \frac{1}{n}\sum x_i y_i - \overline{xy} = 12 - 9 = 3;$$

b) $r = \dfrac{\textbf{COV}(X, Y)}{s_x s_y} = \dfrac{3}{\sqrt{(\frac{1}{4}\cdot 56 - 9)(\frac{1}{4}\cdot 56 - 9)}} = \dfrac{3}{\frac{1}{4}\cdot 56 - 9} = \dfrac{3}{5} = 0,6.$

3.3.2   Richtig: **a)** und **d)**.

3.3.3   Richtig: **d)**.

3.3.4   Richtig: **a)**.

3.3.5

x_i	y_i	x_i^2	x_i^3	x_i^4	$x_i y_i$	$x_i^2 y_i$
1	6	1	1	1	6	6
2	4	4	8	16	8	16
3	3	9	27	81	9	27
3	5	9	27	81	15	45
4	6	16	64	256	24	96
5	10	25	125	625	50	250
18	34	64	252	1060	112	440

Normalgleichungen:

$$\begin{aligned}
34 &= \ \ 6a + \ 18b + \ \ 64c \\
112 &= 18a + \ 64b + \ 252c \quad \Rightarrow \\
440 &= 64a + 252b + 1060c
\end{aligned}
\qquad
\begin{aligned}
\text{I} \quad\ \ 17 &= \ \ 3a + \ 9b + \ \ 32c \\
\text{II} \quad\ \ 56 &= \ \ 9a + 32b + 126c \\
\text{III} \ \ 110 &= 16a + 63b + 265c
\end{aligned}$$

$$\begin{aligned}
\text{II} - 3\cdot\text{I} &\Rightarrow \quad \text{I*}:\ \ 5 = 5b + 30c \\
3\cdot\text{III} - 16\cdot\text{I} &\Rightarrow \ \ \text{II*}: 58 = 45b + 283c
\end{aligned}
\qquad \text{II*} - 9\cdot\text{I*}: \ \Rightarrow\ c = 1$$

mit I* $\Rightarrow\ b = \dfrac{5 - 30}{5} = -5$ und mit I $\Rightarrow\ a = \dfrac{17 + 45 - 32}{3} = 10$

$\Rightarrow\ \hat{y} = 10 - 5x + x^2;$

Bestimmtheitsmaß: $B^2 = \dfrac{4{,}56}{4{,}89} = 0{,}9325$.

3.3.6   Falsch: **a)**, **c)** und **e)**.

3.3.7   Richtig: **b)** und **e)**.

3.3.8   Der PEARSONsche Korrelationskoeffizient ist ein Maß für den linearen Zusammenhang zwischen zwei Merkmalen. Im vorliegenden Fall ist der Zusammenhang jedoch nichtlinearer Art. Daher ist der PEARSONsche Korrelationskoeffizient nicht geeignet.

3.3.9

x	1	1	3	3	8
y	2	6	0	4	12
x^2	1	1	9	9	20
xy	2	6	0	12	20

$a = \dfrac{20 \cdot 12 - 8 \cdot 20}{4 \cdot 20 - 8^2} = \dfrac{80}{16} = 5$; $b = \dfrac{4 \cdot 20 - 8 \cdot 12}{16} = -1$;

$\hat{y} = 5 - x$

$k = \dfrac{2 - 2}{2 + 2} = 0$

3.3.10   Die Berechnung geschieht unter Benutzung der folgenden Tabelle:

Turner Nr.	1	2	3	4	5	6
Reck	9,3	8,6	9,1	9,1	9,0	9,5
Rangziffer	2	6	3,5	3,5	5	1
Stufenbarren	9,1	8,8	9,0	8,9	8,7	9,4
Rangziffer	2	5	3	4	6	1
d_i	0	1	0,5	-0,5	-1	0
d_i^2	0	1	0,25	0,25	1	0

$r_s = 1 - \dfrac{6 \sum d_i^2}{n(n^2 - 1)} = 1 - \dfrac{6 \cdot 2{,}5}{6 \cdot 35} = 1 - \dfrac{15}{210} = \dfrac{195}{210} = \dfrac{13}{14} = 0{,}9286$

3.3.11

Baum	Rang Blütebeginn	Rang Erntebeginn	d_i	d_i^2
A	1	4	-3	9
B	2	1	1	1
C	3	3	0	0
D	4	5	-1	1
E	5	2	3	9
				20

$$r_s = 1 - \frac{6\sum_{i=1}^{5} d_i^2}{n(n^2-1)} = 1 - \frac{6 \cdot 20}{5 \cdot 24} = 1 - \frac{120}{120} = 0$$

3.3.12 Richtig: **c)**.

3.3.13 $nk = 13$, $nd = 1$, $nx = 1$, $ny = nxy = 0$

$$K = \frac{2(nk - nd)}{n(n-1)} = \frac{2 \cdot (13-1)}{6 \cdot (6-1)} = \frac{24}{30} = 0,8$$

3.3.14

Student	A	B	C	D	E	F	G	H	I	K
Körpergröße	180	170	174	190	165	182	178	169	184	189
Platz	3	7	8	2	10	5	6	9	1	4
Rang nach Körpergröße	5	8	7	1	10	4	6	9	3	2
d_i^2	4	1	1	1	0	1	0	0	4	4

$$r_s = 1 - \frac{6\sum d_i^2}{n(n^2-1)} = 1 - \frac{6 \cdot 16}{10 \cdot 99} = 1 - \frac{96}{990} = 0,903$$

3.3.15 **a)**

Punktrichter	1	2	3	4	5	6
Rang A	1	3	2	6	5	4
Rang B	6	4	5	1	2	3
d_i^2	25	1	9	25	9	1

$$r_s = 1 - \frac{6 \cdot 70}{6 \cdot 35} = -1$$

b) Ja, denn die Rangordnungen sind völlig gegenläufig, d.h. $r_s = -1$.

3.3.16   a) Die Felder der Tabelle sind wie folgt aufgeteilt:

h_{ojk}	$(h_{ojk} - h_{ejk})^2$
$h_{ojk} - h_{ejk}$	h_{ejk}

	bestanden		nicht bestanden		
ledig	36	16	4	16	
	4	$\dfrac{40 \cdot 40}{50} = 32$	-4	$\dfrac{10 \cdot 40}{50} = 8$	40
verheiratet	4	16	6	16	
	-4	$\dfrac{40 \cdot 10}{50} = 8$	4	$\dfrac{10 \cdot 10}{50} = 2$	10
	40		10		50

$$\chi^2 = \frac{16}{32} + \frac{16}{8} + \frac{16}{8} + \frac{16}{2} = 0{,}5 + 2 + 2 + 8 = 12{,}5$$

$$C = \sqrt{\frac{\chi^2}{n + \chi^2}} = \sqrt{\frac{12{,}5}{50 + 12{,}5}} = 0{,}4472$$

b) C^* ist das Minimum aus Zeilenzahl und Spaltenzahl, in diesem Fall 2.

$$C_{korr} = C\sqrt{\frac{C^*}{C^* - 1}} = 0{,}4472\sqrt{\frac{2}{2-1}} = 0{,}4472 \cdot 1{,}4142 = 0{,}6324 \,.$$

3.3.17

	gewählt		nicht gewählt		
m	144	256	16	256	
	16	128	-16	32	160
w	16	256	24	256	
	-16	32	16	8	40
	160		40		200

$$\chi^2 = \frac{256}{128} + \frac{256}{32} + \frac{256}{32} + \frac{256}{8} = 2 + 8 + 8 + 32 = 50$$

$$C = \sqrt{\frac{\chi^2}{n + \chi^2}} = \sqrt{\frac{50}{200 + 50}} = 0{,}4472\,;$$

$$C_{korr} = C\sqrt{\frac{C^*}{C^* - 1}} = 0{,}6324$$

3.3.18 a)

	Normalbrief		Eilbrief		
bis 24 h	600	40000	1000	40000	1600
	-200	800	200	800	
über 24 bis 48 h	600	10000	400	10000	1000
	100	500	-100	500	
über 48 bis 72 h	250	5929	96	5929	346
	77	173	-77	173	
über 72 h	50	529	4	529	54
	23	27	-23	27	
	1500		1500		3000

$$\chi^2 = 2 \cdot \frac{40000}{800} + 2 \cdot \frac{10000}{500} + 2 \cdot \frac{5929}{173} + 2\frac{529}{27} = 247,73$$

b) $C = \sqrt{\dfrac{\chi^2}{n+\chi^2}} = 0,2762;$ **c)** $C_{korr} = C\sqrt{\dfrac{2}{2-1}} = 0,3906$

3.3.19

	Fertigstellung				
	vor 1950		1950 oder später		
mit Heizung	12	16	28	16	
	-4	16	4	24	40
ohne Heizung	8	16	2	16	
	4	4	-4	6	10
	20		30		50

$$\chi^2 = \frac{16}{16} + \frac{16}{24} + \frac{16}{4} + \frac{16}{6} = 1 + \frac{2}{3} + 4 + \frac{8}{3} = \frac{25}{3}$$

$$C = \sqrt{\frac{\chi^2}{n+\chi^2}} = \sqrt{\frac{\frac{25}{3}}{50+\frac{25}{3}}} = \sqrt{\frac{25}{175}} = \sqrt{\frac{1}{7}} = 0,378$$

3.3.20   Sinnvoll sind **b)**, **d)** und **e)**.

3.3.21   **a)** Alle Beobachtungswerte liegen auf einer fallenden Geraden.
b) Alle Beobachtungswerte liegen auf der Regressionsfunktion.

3.3.22

Student	A	B	C	D	E	F
Leistungsrang S.	4	2	1	3	5	6
Leistungsrang B.	3	5	6	4	2	1

3.3.23   **a)** Kontingenzkoeffizient,   **b)** Korrelationskoeffizient,   **c)** Kontingenzkoeffizient,   **d)** Kontingenzkoeffizient.

4.1.1   Offene Bestandsmassen: **b)**, **c)** und **e)**;
geschlossene Bestandsmassen: **a)** und **d)**.

4.1.2   **a)**

Zeit	9^{00}	9^{10}	9^{20}	9^{30}	9^{40}	9^{50}	10^{00}	10^{10}	10^{20}	10^{30}	10^{40}	10^{50}	11^{00}
Bestand	0	1	1	2	2	2	3	3	4	5	6	7	7

Zeit	11^{10}	11^{20}	11^{30}	11^{40}	11^{50}	12^{00}	12^{10}	12^{20}	12^{30}	12^{40}	12^{50}	13^{00}
Bestand	7	6	6	7	7	7	6	6	5	5	3	0

$$\overline{B} = \frac{0+1+1+2+2+2+3+3+4+5+6+7+7+7+6+6+7+7+7+6+6+5+5+3}{24}$$

$$= \frac{108}{24} = 4{,}5$$

b) $\overline{d} = \dfrac{\overline{B}(t_m - t_0)}{n} = \dfrac{4{,}5 \cdot 240}{12} = 90;$

c)

Verweilzeit x_i (min)	$\cdot 40$	70	80	90	110	130	200
$f(x_i)$	$\dfrac{2}{12}$	$\dfrac{3}{12}$	$\dfrac{1}{12}$	$\dfrac{3}{12}$	$\dfrac{1}{12}$	$\dfrac{1}{12}$	$\dfrac{1}{12}$

4.1.3

Tag	1	2	3	4	5	6	
Zugang	5	2	0	5	3	1	$Z = 16$
Abgang	4	1	2	4	2	3	$A = 16$
Bestand	1	2	0	1	2	0	$n = 16$

$$\overline{B} = \frac{1}{6}(1+2+0+1+2+0) = 1; \quad U = \frac{n}{\overline{B}} = 16.$$

4.1.4   **a)**

Tag	2	3	4	7	9	10	14	15	16	22	23	24	25	28	30	31
Zugang	5	0	0	10	0	0	20	0	0	10	0	0	0	10	0	0
Abgang	2	1	1	2	1	5	5	4	8	5	5	5	4	4	1	1
Bestand	6	5	4	12	11	6	21	17	9	14	9	4	0	6	5	4

b) $\overline{z} = \dfrac{1}{m}\sum_{j=1}^{m} z_j = \dfrac{1}{31}(5+10+20+10+10) = \dfrac{55}{31} = 1{,}77;$

$$\overline{a} = \frac{1}{m} \sum_{j=1}^{m} a_j = \frac{1}{31}(2+1+1+2+1+5+5+4+8+\ldots) = \frac{54}{31} = 1,74;$$

c) Durchschnittsbestand:

$$\overline{B} = \frac{1}{31}\left(\frac{1}{2} \cdot 3 + 3 + 6 + 5 + 3 \cdot 4 + 2 \cdot 12 + 11 + 4 \cdot 6 + 21 + 17 + 6 \cdot 9 + 14 + 9 + 4 + 2 \cdot 6 + 5 + \frac{1}{2} \cdot 4\right)$$

$$= \frac{224,5}{31} = 7,24$$

d) Mittlere Verweildauer: $\overline{d} = \dfrac{2 \cdot 7,24 \cdot 31}{55 + 54} = \dfrac{449}{109} = 4,12;$

e) Umschlagshäufigkeit: $U = \dfrac{t_m - t_0}{\overline{d}} = \dfrac{31}{4,12} = 7,5256.$

f)

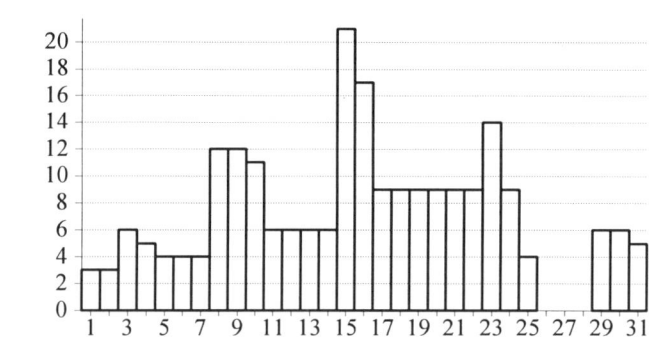

4.1.5   **a)** $\overline{B} = \dfrac{1}{10}(16 + 46 \cdot 2 + 41 + 33 + 11 + 4 \cdot 2 + 20 + 8) = \dfrac{229}{10} = 22,9;$

b) $\overline{d} = \dfrac{22,9 \cdot 10}{\frac{76+60}{2}} = \dfrac{229}{68} = 3,37;$

c) $U = \dfrac{10}{\overline{d}} = \dfrac{10}{\frac{229}{68}} = \dfrac{680}{229} = 2,97.$

4.1.6 $\overline{B} = \dfrac{30 + 80 + 130 + 110 + 70}{6} = 70; \quad \overline{d} = \dfrac{70 \cdot 6}{280} = 1,5$ Stunden.

4.2.1

t	x_t	gleitende Durchschnitte	
		3. Ordnung	4. Ordnung
1	10	–	–
2	18	14	–
3	14	16	16,25
4	16	18	18,25
5	24	20	19,50
6	20	22	22,25
7	22	24	–
8	30	–	–

4.2.2

t	x_t	gleitende Durchschnitte 4. Ordnung
1	10	–
2	12	–
3	8	$\frac{1}{4}\left(\frac{1}{2}\cdot 10+12+8+14+\frac{1}{2}\cdot 14\right)=11{,}5$
4	14	$\frac{1}{4}\left(\frac{1}{2}\cdot 12+8+14+14+\frac{1}{2}\cdot 16\right)=12{,}5$
5	14	$\frac{1}{4}\left(\frac{1}{2}\cdot 8+14+14+16+\frac{1}{2}\cdot 12\right)=13{,}5$
6	16	$\frac{1}{4}\left(\frac{1}{2}\cdot 14+14+16+12+\frac{1}{2}\cdot 18\right)=14{,}5$
7	12	$\frac{1}{4}\left(\frac{1}{2}\cdot 14+16+12+18+\frac{1}{2}\cdot 18\right)=15{,}5$
8	18	$\frac{1}{4}\left(\frac{1}{2}\cdot 16+12+18+18+\frac{1}{2}\cdot 20\right)=16{,}5$
9	18	$\frac{1}{4}\left(\frac{1}{2}\cdot 12+18+18+20+\frac{1}{2}\cdot 16\right)=17{,}5$
10	20	$\frac{1}{4}\left(\frac{1}{2}\cdot 18+18+20+16+\frac{1}{2}\cdot 22\right)=18{,}5$
11	16	–
12	22	–

4.2.3

Monat	Jan	Feb	Mrz	Apr	Mai	Jun	Jul	Aug	Sep	Okt	Nov	Dez
Umsatz	47	51	46	47	48	43	44	45	40	41	42	37
gleit. 3-er Durchschn.		48	48	47	46	45	44	43	42	41	40	

4.2.4   Richtig: **d)** und **e)**.

4.2.5

	Umsatz	3er-Durchschnitte	4er-Durchschnitte
1	8	–	–
2	13	$\frac{1}{3}(8+13+15)=12$	–
3	15	$\frac{1}{3}(13+15+17)=15$	$\frac{1}{2}\left(\frac{8+13+15+17}{4}+\frac{13+15+17+18}{4}\right)=14,5$
4	17	$\frac{1}{3}(15+17+18)=16,7$	$\frac{1}{2}\left(\frac{13+15+17+18}{4}+\frac{15+17+18+20}{4}\right)=16,6$
5	18	$\frac{1}{3}(17+18+20)=18,3$	$\frac{1}{2}\left(\frac{15+17+18+20}{4}+\frac{17+18+20+21}{4}\right)=18,3$
6	20	$\frac{1}{3}(18+20+21)=19,7$	–
7	21	–	–

4.2.6 $k = 4$

4.2.7

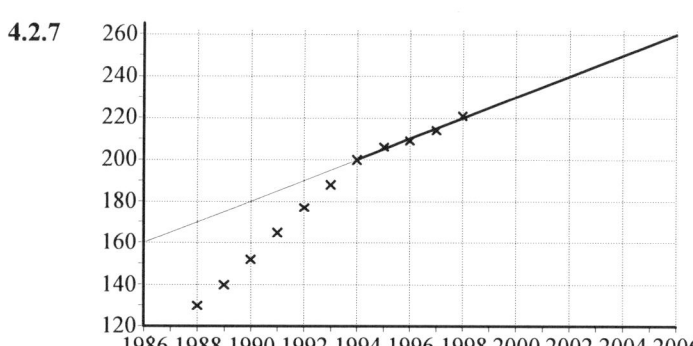

Transformation $t' = t - 1996$; $y' = a + bt'$;

Jahr	1994	1995	1996	1997	1998	Summe
t'	-2	-1	0	1	2	0
y	200	206	209	214	221	1050
$t'y$	-400	-206	0	214	442	50
t'^2	4	1	0	1	4	10

$$a = \frac{\sum y_i \sum t_i'^2 - \sum t_i' \sum t_i' y_i}{n \sum t_i'^2 - (\sum t_i')^2} = \frac{1050 \cdot 10}{5 \cdot 10} = 210;$$

$$b = \frac{n\sum t'_i y_i - \sum y_i \sum t'_i}{n\sum t'^2_i - (\sum t'_i)^2} = \frac{5 \cdot 50}{5 \cdot 10} = 5;$$

$$y' = 210 + 5(t - 1996) \implies y'_{2006} = 210 + 5 \cdot 10 = 260.$$

4.2.8 Lineare Entwicklung ab 1992 (Strukturbruch), Einwohnerzahl 2008: 180.000

4.2.9 A: 3. Ordnung; B: 6. Ordnung; C: 9. Ordnung.

4.2.10 **a)** $\bar{x}4_3 = \frac{1}{4}(4 + 6 + 10 + 12 + 5,5) = \frac{1}{4} \cdot 37,5 = 9,375;$

$\bar{x}4_4 = \frac{1}{4}(3 + 10 + 12 + 11 + 7) = 10,75;$ $\bar{x}4_5 = \frac{1}{4}(5 + 12 + 11 + 14 + 8) = 12,5;$

b) $S_4 = x_4 - \bar{x}4_4 = 12 - 10,75 = 1,25$

4.2.11 Richtig: **a)** und **e)**.

4.3.1 **a)** $x_4^* = 0,5 \cdot 6 + 0,5 \cdot 8 = 7$; $x_5^* = 0,5 \cdot 7 + 0,5 \cdot 7 = 7$

b) Man muß α vergrößern, denn geringere Glättung bedeutet bessere Anpassung an Schwankungen.

4.3.2		$\alpha = 0,1$			$\alpha = 0,5$		
t	x_t	$\hat{x}_t$	$\hat{\hat{x}}_t$	x_t^*	$\hat{x}_t$	$\hat{\hat{x}}_t$	x_t^*
1	12	12	12	–	12	12	–
2	14	12,2	12,02	–	13	12,5	–
3	16	12,58	12,076	12,4	14,5	13,5	14
4	18	13,122	12,181	13,14	16,25	14,875	16,5
5	20	13,81	12,344	14,168	18,125	16,5	19
6	22	14,629	12,572	15,439	20,063	18,281	21,375
7	–	–	–	16,914	–	–	23,625

4.3.3 **a)** $x_3^* = 2\hat{x}_2 - \hat{\hat{x}}_1 \implies \hat{\hat{x}}_2 = \frac{1}{2}(x_3^* + \hat{\hat{x}}_1) = \frac{1}{2}(13 + 10,2) = 11,6$

$\hat{x}_3 = 0,2 \cdot \hat{x}_3 + 0,8 \cdot \hat{\hat{x}}_2 = 0,2 \cdot 12,7 + 0,8 \cdot 10,5 = 10,9$

b) $x_6^* = 2 \cdot \hat{x}_5 - \hat{\hat{x}}_4 = 2 \cdot 16,7 - 11,6 = 21,8$

c) $\hat{x}_4 = 0,2 \cdot x_4 + 0,8 \cdot \hat{x}_3 \implies x_4 = 5 \cdot (\hat{x}_4 - 0,8 \cdot \hat{x}_3) = 21,7$

4.3.4		$\alpha = 0{,}1$			$\alpha = 0{,}5$		
t	x_t	$\hat{x}_t$	$\hat{\hat{x}}_t$	$\overset{*}{x}_t$	$\hat{x}_t$	$\hat{\hat{x}}_t$	$\overset{*}{x}_t$
1	14	12	12	–	12	12	–
2	10	11,8	11,98	–	11	11,5	–
3	10	11,62	11,944	11,6	10,5	11	10
4	16	12,058	11,955	11,26	13,25	12,125	9,5
5	12	12,052	11,965	12,172	12,625	12,375	15,5
6	12	12,047	11,973	12,149	12,313	12,344	13,125
7	–	–	–	12,129	–	–	12,25

4.3.5   Richtig: **a)** und **c)**.

4.3.6 $\overset{*}{x}_7 = 56{,}5$

4.3.7   Richtig: **c)**.

4.3.8   Systematische Verzerrung. Steigender (fallender) Trend wird unter-(über-)schätzt. Saisonale Schwankungen werden verschoben.

4.3.9 $\overset{*}{x}_{25N} = \overset{*}{x}_{25A} - 0{,}5^3(x_{22}^{alt} - x_{22}^{neu}) = 50 - 0{,}5^3(62 - 46) = 48$

4.3.10 $\overset{*}{x}_{10} = 0{,}2x_9 + 0{,}8\overset{*}{x}_9 = 0{,}2x_9 + 0{,}8 \cdot 0{,}2x_8 + 0{,}8^2\overset{*}{x}_8$

$\overset{*}{x}_{10\,neu} = \overset{*}{x}_{10\,alt} + 0{,}16 \cdot (x_{8\,neu} - x_{8\,alt}) = 50 + 0{,}16 \cdot (30 - 40) = 50 - 1{,}6 = 48{,}4$

4.3.11   Falsch: **b)** und **d)**.

5.1.1   Bierverbrauch: Säuglinge, Abstinenzler (und Greise) trinken mit. Herzinfarkte: 1 km² in der Hamburger Innenstadt ist nicht mit 1 km² in den Allgäuer Alpen vergleichbar. Säuglingssterblichkeit: Gestorbene Säuglinge können schon im Vorjahr geboren sein; im Jahr t geborene Säuglinge können im Folgejahr sterben. Werbeerfolgsziffer: Zeitlicher Unterschied zwischen Augenblick der Werbung und Augenblick des Kaufs. Unfallhäufigkeit: 1 km Autobahn bei Frankfurt kann man nicht mit 1 km einer Straße in Lappland vergleichen.

5.1.2   Richtig: **b)**.

5.1.3   Sinnvoll: **a)** und **b)**.

5.1.4   Vergleich durch Maßzahlen bezogen auf das jeweilige arithmetische Mittel der Hörerzahlen. Es ist $\overline{x}_M = 93,8$ und $\overline{x}_S = 88,9$.

Vorlesung	1	2	3	4	5	6	7	8	9	10
Mathematik	98	90	105	102	108	95	90	88	80	82
$x_{Mathematik}$	1,04	0,96	1,12	1,09	1,15	1,01	0,96	0,94	0,85	0,87
Statistik	85	102	107	95	101	90	82	80	72	75
$x_{Statistik}$	0,96	1,15	1,20	1,07	1,14	1,01	0,92	0,90	0,81	0,84

5.1.5   **a)** $V_A = 0,4 \cdot 0,2 + 0,6 \cdot 0,6 = 0,44$

$V_W = 0,4 \cdot 0,25 + 0,6 \cdot 0,55 = 0,43$

b) A wird von wesentlich mehr Männern (75%) als W (16,6%) besucht. Diese beeinflussen durch ihre hohe Durchfallquote die Gesamtdurchfallquote.

5.1.6   Richtig: **b)** und **c)**.

5.1.7   **a)** Normalstruktur zugrunde legen:

$\overline{x}_K = 10 \cdot 0,2 + 10 \cdot 0,3 + 40 \cdot 0,5 = 2 + 3 + 20 = 25$

$\overline{x}_F = 8 \cdot 0,2 + 7 \cdot 0,3 + 45 \cdot 0,5 = 1,6 + 2,1 + 22,5 = 26,2$

b) Nein.

5.1.8

Monate	Januar	Februar	März	April	Mai
Meßzahlen	100	150	133,3	166,7	200
Autos	24	36	32	40	48

5.2.1   **a)** $_L IP_{2000}^{2002} = \dfrac{300 \cdot 2,4 + 200 \cdot 1,00}{300 \cdot 1,0 + 200 \cdot 0,5} = 2,3;$

b) $_P IP_{2000}^{2002} = \dfrac{100 \cdot 2,4 + 200 \cdot 1,00}{100 \cdot 1,0 + 200 \cdot 0,5} = 2,2.$

c) Als geometrisches Mittel: $\sqrt[5]{2,3} = 1,1813$, d.h. 18,13% pro Jahr.

5.2.2   **a)** Alle Preise steigen um 10% $\Rightarrow IP_{2001}^{2002} = 1,1 \,\hat{=}\, 110\%$

b) $_L IP_{2001}^{2002} = {}_P IP_{2001}^{2002} = 1,1 \Rightarrow {}_F IP_{2001}^{2002} = 1,1.$

5.2.3   **a)** Es fehlen Gewichtungen der Mengen!

b) $_L IM_{1994}^{2002} = \dfrac{60 \cdot 20000 + 110 \cdot 1000 + 550 \cdot 40}{50 \cdot 20000 + 100 \cdot 1000 + 250 \cdot 40} = \dfrac{1.332.000}{1.110.000} = 1,2 \mathrel{\hat=} 120\%$

5.2.4   Der PAASCHE-Preisindex von 1998 zur Basis 1988 ergibt sich wie

folgt: $_P IP_{1988}^{1998} = \dfrac{\sum q_i^{1998} p_i^{1998}}{\sum q_i^{1998} p_i^{1988}} = \dfrac{560}{400} \cdot 100 = 140\%$.

5.2.5   **a)** Preisindex nach PAASCHE.

b) $_P IP_{2002}^{2003} = \dfrac{\sum q_i^t p_i^t}{\sum q_i^t p_i^0} = \dfrac{2900}{2000} = 1,45$ oder 145%.

c) Für jede Indexzahl wird ein anderes Gewichtsschema verwendet, so daß kein reiner Preisvergleich mehr stattfindet.

5.2.6   **a)** Die Reihe A ist auf das Basisjahr 1999 bezogen, Reihe B dagegen auf das Basisjahr 2001.   **b)** 140.

5.2.7   Richtig: **a)** und **c)**.

5.2.8   **a)** $_P IP_{2000}^{2002} = \dfrac{\sum q^t p^t}{\sum q^t p^0} = \dfrac{50 \cdot 1,5 + 7 \cdot 9 + 150 \cdot 4,2}{50 \cdot 1 + 7 \cdot 6 + 150 \cdot 2,8} = 1,5$ oder 150%.

b) Auch Indizes nach LASPEYRES, LOEWE und FISHER können bestimmt werden. Alle haben den Wert 1,5, denn für alle Güter gilt $\dfrac{p_t}{p_0} = 1,5$.

5.2.9   Richtig: **b)**, **e)** und **f)**.

5.2.10   **a)** $_L IP_{2002}^{2003} = \dfrac{50 \cdot 1 + 10 \cdot 0,5 + 20 \cdot 0,3 + 0,7 \cdot 35}{50 \cdot 2 + 10 \cdot 0,5 + 20 \cdot 0,2 + 0,7 \cdot 30} = \dfrac{85,5}{130} = 0,66 \mathrel{\hat=} 66\%$.

b) 2002: 130; 2003: $84 \cdot 1 + 15 \cdot 0,5 + 25 \cdot 0,3 + 2 \cdot 35 = 169$
Steigerung: 30%

c) Die Erhöhung der Verbrauchsmengen überwiegt die Preissenkung bei Gut *A*. Der Preisindex nach LASPEYRES berücksichtigt keine Mengenänderungen.

5.2.11   Ja! In beiden Fällen gilt: Verdoppelung aller Mengen führt zur Verdoppelung des Indexwertes.

a) $_L IP_{1992}^{2002} = 2$ bzw. 200%;   **b)** $_P IP_{1992}^{2002} = 2$ bzw. 200%.

5.2.12   Mengenindex nach LASPEYRES.

5.2.13 Richtig: **a)**.

5.3.1 $L = 0,9$

5.3.2

Bruttolohn	Lohn-empf.	kum. Häufigk. absolut	kum. Häufigk. relativ	Klassen-mitte	Lohn-summen	kum. Häufigkeit absolut	kum. Häufigkeit relativ
bis unter 400	75	75	15%	200	15.000	15.000	3%
400 bis u. 800	100	175	35%	600	60.000	75.000	15%
800 bis u. 1.200	100	275	55%	1.000	100.000	175.000	35%
1.200 bis u. 1.600	200	475	95%	1.400	280.000	455.000	91%
1.600 bis u. 2.000	25	500	100%	1.800	45.000	500.000	100%

$L = 0,26$

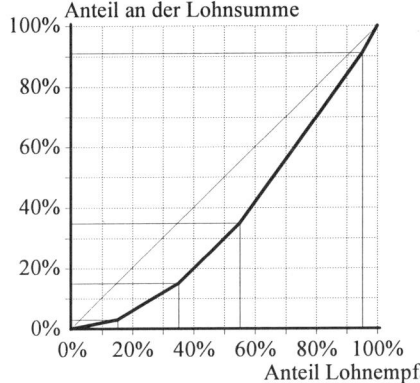

6.0.1 **a)** $\Omega =$ {(1;1); (1;2); (1;3); (1;4); (1;5); (1;6); (2;1); (2;2); (2;3); (2;4); (2;5); (2;6); (3;1); (3;2); (3;3); (3;4); (3;5); (3;6); (4;1); (4;2); (4;3); (4;4); (4;5); (4;6); (5;1); (5;2); (5;3); (5;4); (5;5); (5;6); (6;1); (6;2); (6;3); (6;4); (6;5); (6;6)}

b) Ω = {rot; schwarz; grün}

6.0.2 **a)** $\Omega = \{r;g\}$;
b) $\Omega = \{(r;r); (r;g); (g;r); (g;g)\}$.

6.0.3 **a)** $\Omega = \{(K;K); (K;Z); (Z;1); (Z;2); (Z;3); (Z;4); (Z;5); (Z;6)\}$;
b) $A = \{(Z;1); (Z;2);(Z;3)\}$;
c) $\emptyset$.

6.0.4   **a)** Dreimaliges Werfen einer Münze;
b) Elementereignisse sind:
$(Z;Z;Z)$; $(Z;Z;W)$; $(Z;W;Z)$; $(Z;W;W)$; $(W;Z;Z)$; $(W;Z;W)$; $(W;W;Z)$; $(W;W;W)$;
c) Beispiele:
$\{1.$ Wurf 'Zahl'$\} = \{(Z;Z;Z); (Z;Z;W); (Z;W;Z); (Z;W;W)\}$;
$\{$höchstens 1-mal 'Zahl'$\} = \{(Z;W;W); (W;Z;W); (W;W;Z); (W;W;W)\}$;
d) $\Omega = \{(Z;Z;Z);(Z;Z;W);(Z;W;Z);(Z;W;W);(W;Z;Z);(W;Z;W);(W;W;Z);(W;W;W)\}$;

e) Für alle Elementarereignisse ω_j gilt $\mathbf{P}(\omega_j) = \dfrac{1}{8}$ $(j = 1, ..., 8)$.

6.0.5   Die Funktion **P** in **c)** definiert eine Wahrscheinlichkeit, da
$\sum \mathbf{P}(\omega_i) = 1$. In **a)** ist keine Wahrscheinlichkeit definiert, weil $\sum \mathbf{P}(\omega_i) > 1$.
In **b)** gilt $\mathbf{P}(\omega_3) < 0$.

6.0.6   **a)** Nicht, denn $\mathbf{P}(A \cup B) = \mathbf{P}(A) + \mathbf{P}(B) - \mathbf{P}(A \cap B) = -\dfrac{1}{6} < 0$.

d) Nicht, denn $\mathbf{P}(A) + \mathbf{P}(B) + \mathbf{P}(C) = \dfrac{3}{4} < 1$.

6.0.7   Richtig: **c)**.

6.0.8   Richtig: **c)**, **d)** und **f)**.

6.0.9

Ankunft			besuchte Freundin		
von	bis	Minuten	A	B	C
14^{00}	14^{10}	10	10		
14^{10}	14^{30}	20		20	
14^{30}	15^{00}	30			30
15^{00}	15^{10}	10	10		
15^{10}	15^{30}	20		20	
15^{30}	16^{00}	30			30
		120	20	40	60

$\mathbf{P}(\text{Freundin in } A \text{ wird besucht}) = \dfrac{20}{120} = \dfrac{1}{6}$

$\mathbf{P}(\text{Freundin in } B \text{ wird besucht}) = \dfrac{40}{120} = \dfrac{1}{3}$

$\mathbf{P}(\text{Freundin in } C \text{ wird besucht}) = \dfrac{60}{120} = \dfrac{1}{2}$

6.0.10 Bei 2 Kindern gibt es allgemein vier gleichmögliche Fälle: $(J;J); (J;M); (M;J); (M;M)$ (J = Junge, M = Mädchen)

a) Fall 1 ist günstig, alle vier Fälle sind möglich: $\mathbf{P}(J;J) = \dfrac{1}{4}$;

b) Fall 1 ist günstig, nur die ersten drei Fälle sind möglich (ein Kind ist ein Junge): $\mathbf{P}(J;J) = \dfrac{1}{3}$;

c) Fall 1 ist günstig, nur die ersten beiden Fälle sind möglich (das 1. Kind ist ein Junge): $\mathbf{P}(J;J) = \dfrac{1}{2}$.

6.0.11 Richtig: **c)** und **d)**.

6.0.12 $\mathbf{P}(\text{verkäuflich}) = 1 - \mathbf{P}(\text{nichtverkäuflich}) = 1 - \mathbf{P}(M \cup F)$
$$= 1 - (\mathbf{P}(M) + \mathbf{P}(F) - \mathbf{P}(M \cap F))$$
$$= 1 - (0{,}1 + 0{,}15 - 0{,}05) = 0{,}8.$$

6.0.13 Mit Hilfe des Additionsgesetzes für beliebige Ereignisse und des Komplementgesetzes ergibt sich

$$\mathbf{P}(\overline{A} \cap \overline{B}) = \mathbf{P}(\overline{A}) + \mathbf{P}(\overline{B}) - \mathbf{P}(\overline{A} \cup \overline{B}) = 0{,}7 + 0{,}9 - 0{,}95 = 0{,}65 .$$

6.0.14 **a)** $\mathbf{P}(X \geq 3) = 1 - \mathbf{P}(X = 2) = 1 - \dfrac{1}{36} = \dfrac{35}{36}$;

b) $\mathbf{P}(X \leq 4 | Y = 2) = \dfrac{\mathbf{P}((X \leq 4) \cap (Y = 2))}{\mathbf{P}(Y = 2)} = \dfrac{\frac{2}{36}}{\frac{1}{6}} = \dfrac{1}{3}$.

6.0.15 Lösung über Vierfeldertafel. In der Aufgabe direkt oder indirekt gegebene Werte sind unterstrichen.

	Frauen			
	regelmäßig	nicht regelmäßig		
Männer regelmäßig	<u>0,35</u>	0,05	<u>0,4</u>	**a)** 0,35
Männer nicht regelmäßig	0,15	0,45	0,6	**b)** 0,875
	<u>0,5</u>	0,5		**c)** 0,55

6.0.16 $\mathbf{P}(B | A) = \dfrac{\mathbf{P}(A \cap B)}{\mathbf{P}(A)} = \dfrac{0{,}18}{0{,}25} = 0{,}72$

6.0.17 $\mathbf{P}(A \cap \text{rot}) = \dfrac{4}{15}$; $\mathbf{P}(A \cap \text{grün}) = \dfrac{1}{15}$; $\mathbf{P}(A) = \dfrac{4}{15} + \dfrac{1}{15} = \dfrac{1}{3}$;

$$\mathbf{P}(\text{rot} | A) = \dfrac{\mathbf{P}(A \cap \text{rot})}{\mathbf{P}(A)} = \dfrac{\frac{4}{15}}{\frac{1}{3}} = \dfrac{4}{5} = 0{,}2.$$

Die Lösung zu dieser Aufgabe kann natürlich auch einfacher gefunden werden. Aus der Aufgabe folgt: Es gibt 5 Kugeln mit A, davon sind vier rot und eine grün. Mit der Definition von LAPLACE erhält man dann $P(\text{rot}|A) = 0{,}2$.

6.0.18   Aus neun Ziffern gibt es $9 \cdot 8 = 72$ Möglichkeiten, 2 Ziffern zu ziehen. Da es 5 ungerade und 4 gerade Ziffern gibt, gibt es $5 \cdot 4 = 20$ Möglichkeiten für zwei ungerade und $4 \cdot 3 = 12$ Möglichkeiten für zwei gerade Ziffern. Diese 32 Möglichkeiten ergeben eine gerade Augensumme. Damit gilt

$$P(U|G) = \frac{P(U \cap G)}{P(G)} = \frac{\frac{20}{72}}{\frac{32}{72}} = \frac{5}{8}.$$

6.0.19   Es gilt: $P(S) = 0{,}25$; $P(K \cap S) = 0{,}1$;

$$P(K|S) = \frac{P(K \cap S)}{P(S)} = \frac{0{,}1}{0{,}25} = 0{,}4.$$

6.0.20   **a)** $P(B|A) = \frac{1}{3} \neq P(B|\overline{A}) = \frac{2}{3} \Rightarrow A$ und B abhängig: Aussage falsch.

b) $P(A|C) = \frac{0}{2} \neq P(A|\overline{C}) = \frac{3}{4} \Rightarrow A$ und C abhängig: Aussage richtig.

c) $P(B|C) = \frac{1}{2} = P(B|\overline{C}) = \frac{2}{4} = \frac{1}{2} \Rightarrow B$ und C unabhängig: Aussage falsch.

6.0.21 M: betrachtete Person ist ein Mann. FB: Person ist farbenblind. Gegeben: $P(M) = P(F) = 0{,}5$; $P(FB|M) = 0{,}05$; $P(FB|\overline{M}) = 0{,}0025$.

Gesucht: $P(M|FB) = \dfrac{P(FB \cap M)}{P(FB)}$.

$$P(FB) = P(FB \cap M) + P(FB \cap \overline{M}) = P(FB|M)P(M) + P(FB|\overline{M})P(\overline{M})$$
$$= 0{,}05 \cdot 0{,}5 + 0{,}0025 \cdot 0{,}5$$

und $P(FB \cap M) = P(FB|M)P(M) = 0{,}05 \cdot 0{,}5$.

Also ergibt sich $P(M|FB) = \dfrac{0{,}05 \cdot 0{,}5}{0{,}05 \cdot 0{,}5 + 0{,}0025 \cdot 0{,}5} = \dfrac{20}{21}$

6.0.22

	x_1	x_2	x_3	
y_1	0,2	0,1	0,2	0,5
y_2	0,1	0,3	0,1	0,5
	0,3	0,4	0,3	

6.0.23 $P(A) = 0,8 \cdot 0,9 \cdot 0,85 = 0,612$

6.0.24 **a)** $\dfrac{1}{6} \cdot \dfrac{5}{6} \cdot \dfrac{5}{6} \cdot 3 = \dfrac{25}{72}$;

  b) $\dfrac{1}{6} \cdot \dfrac{1}{6} \cdot \dfrac{5}{6} \cdot 3 = \dfrac{5}{72}$;

  c) $\dfrac{1}{6} \cdot \dfrac{1}{6} \cdot \dfrac{1}{6} = \dfrac{1}{216}$;

  d) $\dfrac{15}{216} + \dfrac{1}{216} = \dfrac{2}{27}$.

6.0.25 $1 - \left(\dfrac{3}{4}\right)^6 = 1 - 0,178 = 0,822$.

6.0.26 **a)** $\dfrac{2}{6} \cdot \dfrac{3}{5} \cdot \dfrac{1}{4} \cdot \dfrac{2}{3} \cdot \dfrac{1}{2} = \dfrac{1}{60}$;

  b) $\dfrac{2}{6} \cdot \dfrac{3}{6} \cdot \dfrac{1}{6} \cdot \dfrac{3}{6} \cdot \dfrac{2}{6} \cdot \dfrac{3}{6} = \dfrac{1}{432}$.

6.0.27 $1 - P(10 \text{ mal Zahl}) = 1 - \left(\dfrac{1}{2}\right)^{10} = 1 - \dfrac{1}{1024} = \dfrac{1023}{1024}$.

6.0.28 x sei die Augensumme von Oskar, y die Augensumme von Franz.
$P(x < y) = P(x = 2) \cdot P(y > 2) + P(x = 3) \cdot P(y > 3) + P(x = 4) \cdot P(y > 4)$
$$+ P(x = 5) \cdot P(y > 5) = \frac{1}{36} \cdot \frac{4}{6} + \frac{2}{36} \cdot \frac{3}{6} + \frac{3}{36} \cdot \frac{2}{6} + \frac{4}{36} \cdot \frac{1}{6} = \frac{20}{216} = \frac{5}{54}$$

6.0.29 **a)** $1 - P(\text{keiner}) = 1 - (0,4)^2 = 0,84$;   **b)** $(0,4)^2 = 0,16$.

6.0.30 Es ist $P(M) = 2P(W)$ und $2P(M) + 3P(W) = 1$. Daraus folgt:
$2 \cdot 2P(W) + 3P(W) = 7P(W) = 1$ oder $P(W) = \dfrac{1}{7}$ und $P(M) = \dfrac{2}{7}$.

a) $P(\text{Frau gewinnt}) = 3P(W) = \dfrac{3}{7}$;

b) $P(\text{ein Ehepartner gewinnt}) = P(M \cup W) = P(M) + P(W) = \dfrac{3}{7}$.

6.0.31 Das Komplement des Ereignisses
A_n: "Wenigstens ein Gewinn nach n Versuchen" ist
$\overline{A_n}$: "Kein Gewinn nach n Versuchen".

Statt $P(A_n) \geq 0,99$ kann auch verlangt werden $P(\overline{A_n}) = 0,5^n < 0,01$.
Es folgt $n \log(0,5) < \log(0,01) \Rightarrow n \cdot (-0,301) < -2 \Rightarrow n > 6,64 \Rightarrow n = 7$.

6.0.32 A_i: Schütze wählt Gewehr i, $i = 1, ..., 5$.

$$\mathbf{P}(B) = \sum_{i=1}^{5} \mathbf{P}(B|A_i)\mathbf{P}(A_i) \quad \text{(Satz von der totalen Wahrscheinlichkeit)}$$

$\mathbf{P}(B|A_1) = 0{,}5, \quad \mathbf{P}(A_1) = 0{,}2$

$\mathbf{P}(B|A_2) = 0{,}6, \quad \mathbf{P}(A_2) = 0{,}2$

...   ...

$\mathbf{P}(B|A_5) = 0{,}9, \quad \mathbf{P}(A_5) = 0{,}2$

$\mathbf{P}(B) = 0{,}5 \cdot 0{,}2 + 0{,}6 \cdot 0{,}2 + 0{,}7 \cdot 0{,}2 + 0{,}8 \cdot 0{,}2 + 0{,}9 \cdot 0{,}2 = 0{,}7$

6.0.33   Gesucht: $\mathbf{P}(F|B)$;

bekannt: $\mathbf{P}(B|F) = 0{,}01$; $\mathbf{P}(B|M) = 0{,}04$; $\mathbf{P}(F) = 0{,}6$;

$$\mathbf{P}(F|B) = \frac{\mathbf{P}(B|F)\mathbf{P}(F)}{\mathbf{P}(B|F)\mathbf{P}(F) + \mathbf{P}(B|M)\mathbf{P}(M)} = \frac{0{,}01 \cdot 0{,}6}{0{,}01 \cdot 0{,}6 + 0{,}04 \cdot 0{,}4} = \frac{3}{11}$$

6.0.34 $\mathbf{P}(E) = 0{,}4$; $\mathbf{P}(L) = 0{,}3$; $\mathbf{P}(M) = 0{,}3$;

$\mathbf{P}(K|E) = 0{,}03$; $\mathbf{P}(K|L) = 0{,}03$; $\mathbf{P}(K|M) = 0{,}05$;

a) $\mathbf{P}(L) = 0{,}3$;

b) $\begin{aligned}\mathbf{P}(K) &= \mathbf{P}(K|E) \cdot \mathbf{P}(E) &&+ \mathbf{P}(K|L) \cdot \mathbf{P}(L) &&+ \mathbf{P}(K|M) \cdot \mathbf{P}(M)\\ &= 0{,}012 &&+ 0{,}009 &&+ 0{,}015\\ &= 0{,}036;\end{aligned}$

c) $\mathbf{P}(L|K) = \dfrac{\mathbf{P}(K|L) \cdot \mathbf{P}(L)}{\mathbf{P}(K)} = \dfrac{0{,}03 \cdot 0{,}3}{0{,}036} = \dfrac{0{,}009}{0{,}036} = \dfrac{1}{4} = 0{,}25.$

6.0.35 $\mathbf{P}(\text{August}|\text{Katze}) = \dfrac{0{,}2 \cdot 0{,}6}{0{,}5 \cdot 0{,}3 + 0{,}2 \cdot 0{,}6 + 0{,}3 \cdot 0{,}1} = \dfrac{0{,}12}{0{,}3} = 0{,}4$

7.1.1

x	1	3	6	7
$f_X(x)$	0,2	0,3	0,1	0,4

7.1.2   **a)**

$$F_X(x) = \begin{cases} 0 & \text{für} & x < 1\\ \frac{1}{3} & \text{für} & 1 \le x < 2\\ \frac{1}{2} & \text{für} & 2 \le x < 4\\ \frac{3}{4} & \text{für} & 4 \le x < 5\\ 1 & \text{für} & 5 \le x \end{cases}$$

b) Bei der Lösung ist darauf zu achten, ob die Grenzen zum Intervall gehören oder nicht.

$P(0 \leq x < 4) = f_X(1) + f_X(2) = 0{,}5;$

$P(1 \leq x \leq 4) = f_X(1) + f_X(2) + f_X(4) = 0{,}75;$

$P(1 < x < 4) = f_X(2) = \dfrac{1}{6};$

$P(2 < x \leq 5) = f_X(4) + f_X(5) = 0{,}5.$

7.1.3   **a)** $P(3 < x < 6) = 0{,}3;$ **b)** $P(4 < x < 5) = 0;$
            c) $P(2 \leq x \leq 6) = 0{,}7;$ **d)** $P(6 < x \leq 9) = 0{,}3.$

7.1.4   **a)** 0;   **b)** 0,9;   **c)** 0,7;   **d)** 0;   **e)** 0,2.

7.1.5   **a)** 0,4;   **b)** 0,4;   **c)** 0;   **d)** 0,5;   **e)** 0.

7.1.6   **a)** $\dfrac{a}{6} + \dfrac{a}{4} + \dfrac{a}{12} + a = 1 \Rightarrow a = \dfrac{2}{3};$

b)

$$F_X(x) = \begin{cases} 0 & \text{für} & x < 1 \\ \frac{1}{9} & \text{für} & 1 \leq x < 2 \\ \frac{5}{18} & \text{für} & 2 \leq x < 4 \\ \frac{1}{3} & \text{für} & 4 \leq x < 6 \\ 1 & \text{für} & 6 \leq x \end{cases}$$

7.1.7

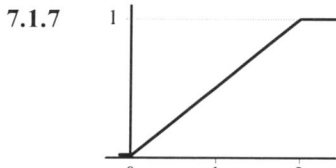 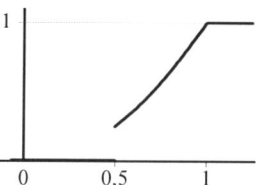

a) Prüfung auf Verteilungsfunktion

(1) F monoton steigend;   (3) $\lim\limits_{x \to -\infty} F_X(x) = 0;$ $\Bigg\}$ $F_X(x)$ ist
(2) F rechtsseitig stetig;   (4) $\lim\limits_{x \to \infty} F_X(x) = 1;$ $\Bigg.$ Verteilungsfunktion

   Dichtefunktion:

$$f_X(x) = \frac{d}{dx}(F_X(x)) = \begin{cases} 0 & \text{für} & x < 0 \\ 0{,}5 & \text{für} & 0 \leq x < 2 \\ 0 & \text{für} & 2 \leq x \end{cases}$$

b) $F_Y(y)$ ist für $y = 0{,}5$ linksseitig stetig, daher keine Verteilungsfunktion.

7.1.8   **a)** $f_X(x) = \begin{cases} 0,2 & \text{für} \quad 3 < x < 8 \\ 0 & \text{sonst} \end{cases}$

b) $F_X(x) = \begin{cases} 0 & \text{für} \quad x < 3 \\ \dfrac{x-3}{5} & \text{für} \quad 3 \le x < 8 \\ 1 & \text{für} \quad 8 \le x \end{cases}$

c)

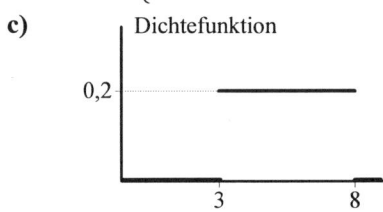

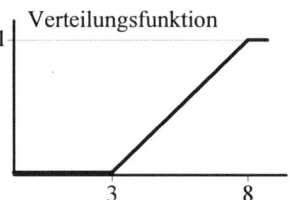

7.1.9   **a)** $\int\limits_0^2 ax\,dx = 1 \Rightarrow \left[\dfrac{a}{2}x^2\right]_0^2 = \dfrac{a}{2}\cdot 4 = 1 \Rightarrow a = 0,5$

b) $E(X) = \int\limits_0^2 \dfrac{1}{2}x^2\,dx = \left[\dfrac{1}{2}\cdot\dfrac{1}{3}x^3\right]_0^2 = \dfrac{4}{3}$

c) $P(X \le 1) = \int\limits_0^1 \dfrac{1}{2}x\,dx = \left[\dfrac{x^2}{4}\right]_0^1 = \dfrac{1}{4}$

7.1.10 $\int\limits_0^a 3x^2\,dx = 1 \Rightarrow a^3 = 1 \Rightarrow a = 1$

7.1.11 $F_X(x) = \int\limits_1^x \dfrac{1}{2}(t-1)\,dt = \left[\dfrac{1}{4}t^2 - \dfrac{1}{2}t\right]_1^x$

$$= \dfrac{1}{4}x^2 - \dfrac{1}{2}x - \dfrac{1}{4} + \dfrac{1}{2} = \dfrac{1}{4}(x^2 - 2x + 1) = \dfrac{(x-1)^2}{4}$$

$$F_X(x) = \begin{cases} 0 & \text{für} \quad x < 1 \\ \dfrac{(x-1)^2}{4} & \text{für} \quad 1 \le x < 3 \\ 1 & \text{für} \quad 3 \le x \end{cases}$$

7.1.12   Die Funktionswerte einer Dichtefunktion geben keine Wahrscheinlichkeiten an. Es kann $\int\limits_{-\infty}^{\infty} f_X(x)\,dx = 1$ sein, auch wenn $f_X(x)$ stellenweise größer als 1 ist.

7.1.13   **a)** $\int_0^1 x^2 dx = \left[\frac{1}{3}x^3\right]_0^1 = \frac{1}{3} \neq 1$, also keine Dichtefunktion;

b) $\int_0^1 x dx = \left[\frac{1}{2}x^2\right]_0^1 = \frac{1}{2} \neq 1$, also keine Dichtefunktion;

c) Dichtefunktion, da

$\int_c^{2c} \frac{1}{c} dx = \left[\frac{x}{c}\right]_c^{2c} = \frac{2c}{c} - \frac{c}{c} = 2 - 1 = 1$ und $\frac{1}{c} > 0$ für $c < x < 2c$.

7.1.14   Die Funktionen in **a)**, **b)**, **e)** und **f)** können Dichtefunktionen sein. In **c)** ist keine Dichtefunktion dargestellt, denn die Fläche ist größer als 1; in **d)** gilt $f(x) < 0$ für $-1 < x < 0$, also ebenfalls keine Dichtefunktion.

7.1.15   **a)** Verteilungsfunktion;
b) keine Dichtefunktion, keine Verteilungsfunktion, da Funktion nicht monoton steigend;
c) Dichtefunktion;
d) Verteilungsfunktion;
e) weder Verteilungs- noch Dichtefunktion, da Funktion negativ wird;
f) keine Verteilungsfunktion, da Funktion größer 1 wird, und keine Dichtefunktion, da $\int_{-\infty}^{\infty} f_X(x) dx > 1$.

7.1.16

j	1	2	3	4	5	6	7
$f_X(x_j)$	0,1	0,2	0	0,3	0,1	0,2	0,1
$F_X(x_j)$	0,1	0,3	0,3	0,6	0,7	0,9	1

7.1.17   **a)** $P(X \leq 6) = 0,6$;   **b)** $P(2 < X < 3 \text{ oder } X \geq 7) = 0,3$;
c)
$$f_X(x) = \begin{cases} 0,1 & \text{für} \quad 1 < x < 5 \\ 0,2 & \text{für} \quad 5 < x < 8 \\ 0 & \text{sonst.} \end{cases}$$

7.2.1 $E(X) = \sum_j x_j f_X(x_j) = 0 \cdot 0,125 + 1 \cdot 0,25 + 2 \cdot 0,375 + 4 \cdot 0,25$

$$= 0 + 0,25 + 0,75 + 1 = 2$$

$\text{VAR}(X) = \sum_j (x_j - E(X))^2 f_X(x_j) = \sum_j x_j^2 f_X(x_j) - (E(X))^2$

$$= 0 \cdot 0,125 + 1 \cdot 0,25 + 4 \cdot 0,375 + 16 \cdot 0,25 - 4 = 1,75$$

7.2.2 **a)** $F_X(x) = \int_{-\infty}^{x} f_X(t)dt = \int_{2}^{x} (0.5t - 1)dt = \left[0.25t^2 - t\right]_{2}^{x} = 0.25x^2 - x + 1$

$$F_X(x) = \begin{cases} 0 & \text{für} & x < 2 \\ 0.25x^2 - x + 1 & \text{für} & 2 \le x < 4 \\ 1 & \text{für} & 4 \le x \end{cases}$$

b) $E(X) = \int_{-\infty}^{\infty} x f_X(x)dx = \int_{2}^{4} x(0.5x - 1)dx = \int_{2}^{4} (0.5x^2 - x)dx$

$$= \left[\frac{1}{6}x^3 - \frac{1}{2}x^2\right]_{2}^{4} = (\frac{64}{6} - \frac{16}{2}) - (\frac{8}{6} - \frac{4}{2}) = \frac{20}{6} = 3\frac{1}{3}$$

c) $VAR(X) = \int_{-\infty}^{\infty} x^2 f_X(x)dx - (E(X))^2 = \int_{2}^{4} x^2(0.5x - 1)dx - (\frac{10}{3})^2$

$$= (\frac{256}{8} - \frac{64}{3}) - (\frac{16}{8} - \frac{8}{3}) - \frac{100}{9} = \frac{2}{9}$$

7.2.3 **a)**
$$F_X(x) = \begin{cases} 0 & \text{für} & x < 0 \\ x^4 & \text{für} & 0 \le x < 1 \\ 1 & \text{für} & 1 \le x \end{cases}$$

b) $E(X) = \int_{0}^{1} 4x^4 dx = \left[\frac{4}{5}x^5\right]_{0}^{1} = \frac{4}{5}$

c) $P(0.1 < x \le 2) = F_X(2) - F_X(0.1) = 1 - 0.0001 = 0.9999$

7.2.4 **a)** $F_X(x) = \begin{cases} 0 & \text{für} \ x < 0 \\ 1 - e^{-ax} & \text{für} \ x \ge 0 \end{cases};$

b) $E(X) = \int_{0}^{\infty} x a e^{-ax} dx = \frac{1}{a};$

c) $VAR(X) = \int_{0}^{\infty} x^2 a e^{-ax} dx - \left(\frac{1}{a}\right)^2 = \left(\frac{1}{a}\right)^2.$

7.2.5 $E(X) = \int_{0}^{4} \frac{x}{8} x dx = \int_{0}^{4} \frac{1}{8}x^2 dx = \left[\frac{1}{24}x^3\right]_{0}^{4} = \frac{8}{3};$

$VAR(X) = \int_{0}^{4} \frac{1}{8}x^3 dx - (\frac{8}{3})^2 = \left[(\frac{1}{32})x^4\right]_{0}^{4} - (\frac{8}{3})^2 = \frac{8}{9};$

$E(Y) = 2E(X) - 2 = \frac{16}{3} - 2 = \frac{10}{3}; \quad VAR(Y) = 4VAR(X) = \frac{32}{9}.$

7.2.6   **a)** $E(X) = 1 \cdot 0,3 + 2 \cdot 0,4 + 3 \cdot 0,2 + 4 \cdot 0,1 = 0,3 + 0,8 + 0,6 + 0,4 = 2,1$

b)

x_i	1	2	3	4
y_i	60	30	20	15
$f_Y(y_i)$	0,3	0,4	0,2	0,1

$E(Y) = 18 + 12 + 4 + 1,5 = 35,50$ DM .

7.2.7 $E(G) = 100 \cdot 0,5 + 50 \cdot 0,3 + (-70) \cdot 0,2 = 51$

7.2.8   **a)**
$$F_X(x) = \begin{cases} 0 & \text{für} & x < 0 \\ \dfrac{x^2}{3} + \dfrac{2}{3}x & \text{für} & 0 \le x < 1 \\ 1 & \text{für} & 1 \le x \end{cases}$$

b) $E(X) = \int\limits_0^1 (\dfrac{2}{3}x^2 + \dfrac{2}{3}x)dx = \left[\dfrac{2}{9}x^3 + \dfrac{1}{3}x^2\right]_0^1 = \dfrac{5}{9}$

c) $VAR(X) = \int\limits_0^1 (\dfrac{2}{3}x^3 + \dfrac{2}{3}x^2)dx - (\dfrac{5}{9})^2 = \left[\dfrac{1}{6}x^4 + \dfrac{2}{9}x^3\right]_0^1 - (\dfrac{5}{9})^2 = \dfrac{13}{162}$

7.2.9   **a)**
$$F_X(x) = \begin{cases} 0 & \text{für} & x < 0 \\ 0,25x^2 & \text{für} & 0 \le x < 2 \\ 1 & \text{für} & 2 \le x \end{cases}$$

b) $E(X) = \int\limits_0^2 0,5x \cdot x\,dx = \left[\dfrac{1}{6}x^3\right]_0^2 = \dfrac{8}{6} = \dfrac{4}{3}$

$VAR(X) = \int\limits_0^2 0,5x \cdot x^2\,dx - (\dfrac{4}{3})^2 = \left[\dfrac{1}{8}x^4\right]_0^2 - (\dfrac{16}{9}) = \dfrac{2}{9}$

7.2.10   **a)** $f_X(x) = \begin{cases} x - 0,5 & \text{für} & 1 < x < 2 \\ 0 & \text{sonst.} \end{cases}$

b) $E(X) = \int\limits_1^2 (x^2 - 0,5x)dx = \left[\dfrac{1}{3}x^3 - \dfrac{1}{4}x^2\right]_1^2 = \dfrac{8}{3} - 1 - \dfrac{1}{3} + \dfrac{1}{4} = \dfrac{19}{12}$

c) $0,5\bar{x}_Z^2 - 0,5\bar{x}_Z = 0,5 \Rightarrow \bar{x}_Z = 0,5 + \sqrt{1,25} = 1,618.$

7.2.11   **a)** $E(X) = \int\limits_0^1 3x^3\,dx = \left[\dfrac{3}{4}x^4\right]_0^1 = \dfrac{3}{4} = 0,75$

b) $VAR(X) = \int\limits_0^1 3x^4\,dx - (\dfrac{3}{4})^2 = \dfrac{3}{5} - \dfrac{9}{16} = 0,0375$

7.3.1   Gesucht $P(|X-100|\geq 1)$. Ungleichung von TSCHEBYSCHEFF:

$P(|X-100|\geq 10\cdot 0,1)\leq \dfrac{1}{10^2}=0,01$. Ausschussanteil höchstens 1%.

7.3.2 $P(|X-\mu|<c\sigma)>1-\dfrac{1}{c^2}$ mit $\mu=0$; $\sigma=\sqrt{10}$; $1-\dfrac{1}{c^2}=0,9$;   d.h.

$c^2=10\Rightarrow c=\sqrt{10}$. Daraus folgt $P(|X|<10)>0,9\Rightarrow a=-10<x<b=10$.

7.3.3   **a)** $E(Z)=3E(X)-E(Y)+1=-15-2+1=-16$;

$VAR(Z)=9VAR(X)+VAR(Y)=18+7=25$;

b) $P(|Z-E(Z)|<c\sigma_Z)>1-\dfrac{1}{c^2}$; $c\sigma_Z=c\cdot 5=10\Rightarrow c=2$

$\Rightarrow 1-\dfrac{1}{c^2}=1-\dfrac{1}{4}=0,75$

7.3.4 $P(|X-\mu|<c\sigma)>1-\dfrac{1}{c^2}\Rightarrow c\sigma=c\cdot 20=60\Rightarrow c=3\Rightarrow$

$P(|X-1000|<60)=1-\dfrac{1}{9}=\dfrac{8}{9}$.

7.4.1 $Y=3X$; $E(Y)=3E(X)=3.300$; $VAR(Y)=9VAR(X)=900$

7.4.2 $Z=2X+2Y$; $E(Z)=2E(X)+2E(Y)=2\cdot 1000+2\cdot 500=3000$

$VAR(Z)=4VAR(X)+4VAR(Y)=4\cdot 0,02+4\cdot 0,01=0,12$

7.4.3 $Y=3X_1$; $E(Y)=3\cdot 10=30$; $VAR(Y)=9\cdot 5=45$

7.4.4   **a)** $E(X)=\displaystyle\int_0^1 3x^2x\,dx=3\int_0^1 x^3dx=3\left[\dfrac{1}{4}x^4\right]_0^1=\dfrac{3}{4}=0,75$

b) $VAR(X)=\displaystyle\int_0^1 3x^2x^2dx-(E(X))^2=\int_0^1 3x^4dx-(\dfrac{3}{4})^2=\left[\dfrac{3}{5}x^5\right]_0^1-\dfrac{9}{16}=0,0375$

c) $E(Y)=-2E(X)+3=-2\cdot\dfrac{3}{4}+3=1,5$

$VAR(Y)=4VAR(X)=4\cdot 0,0375=0,15$

7.4.5 $Y\,(\text{Pfund})=2X\,(\text{kg})$;

$E(X)=0\Rightarrow E(Y)=0$; $VAR(Y)=4VAR(X)=4\cdot 0,5=2$.

8.1.1   Gleichverteilung des Beginnzeitpunkts X in einem Taktzeitraum:

$$f_X(x) = \begin{cases} \dfrac{1}{b-a} = \dfrac{1}{30} & \text{für } 0 < x < 30 \\ 0 & \text{sonst} \end{cases} \quad ;$$

a) A: „Mehr als eine Einheit" entspricht: $X > 7,5$;

$\quad \mathbf{P}(A) = 1 - \mathbf{P}(X \le 7,5) = 1 - F_X(7,5) = 0,75$;

b) B: „Mehr als eine Einheit" ist das sichere Ereignis: $\mathbf{P}(B) = 1$;

c) $Y =$ Anzahl der verbrauchten Gebühreneinheiten

$\quad \mathbf{P}(Y = 1) = 0,25$; $\mathbf{P}(Y = 2) = 0,75$ (s.o.)

$\quad \mathbf{E}(Y) = \sum y_i f_Y(y_j) = 0,25 \cdot 1 + 0,75 \cdot 2 = 1,75$.

8.1.2   Diskrete Gleichverteilung: $f(x) = \dfrac{1}{7}$, für $x = -3, -2, \ldots, 2, 3$;

a) $\mathbf{P}(X < 0) = \dfrac{3}{7}$;   **b)** $\mathbf{E}(X) = \dfrac{1}{m} \sum\limits_{j=1}^{m} x_j = \dfrac{1}{7} \cdot 0 = 0$.

8.1.3 $\mathbf{E}(X) = \dfrac{b+a}{2} = \dfrac{6+1}{2} = 3,5$

$\mathbf{VAR}(X) = \dfrac{(b-a)^2}{12} = \dfrac{(6-1)^2}{12} = \dfrac{25}{12} = 2,083$

8.2.1   Aus der Tabelle der Binomialverteilung für $n = 4$ und $\Theta = 0,5$ entnimmt man: **a)** 0,2500; **b)** 0,3750; **c)** 0,2500.

8.2.2   **a)** 0,0024;   **b)** 0,0284;   **c)** 0,9976;   **d)** 0,1323.

8.2.3   Man erhält die Lösung unter Beachtung der Reproduktivität von Binomialverteilungen. Es ist $n = 12$ zu setzen. $\mathrm{B}(4|12;0,5) = 0,1208$

8.2.4 $\mathbf{P}(A)$ $= \mathbf{P}(\text{„Batterie ok" } \cap \text{ „mindestens 3 der 4 Kerzen ok"})$

$\qquad\qquad = \mathbf{P}(\text{„Batterie ok" } \cap \text{ „höchstens 1 Kerze defekt"})$

$\qquad\qquad = \mathbf{P}(\text{„Batterie ok"}) \cdot \mathbf{P}(\text{„höchstens 1 Kerze defekt"})$

$\qquad\qquad = 0,5\big(\mathrm{B}(1|4;0,2) + \mathrm{B}(0|4;0,2)\big) = 0,5 \cdot 0,8192 = 0,4096$

8.2.5   Hypergeometrische Verteilung mit $N = 8$, $M = 2$ (faule Eier), $n = 3$. Die Rühreier sind genießbar, wenn alle Eier gut sind.
Es ist

$$f_X(0) = \frac{\binom{2}{0}\binom{8-2}{3-0}}{\binom{8}{3}} = \frac{1 \cdot 20}{56} = \frac{5}{14}.$$

Mit Wahrscheinlichkeit $1 - \frac{5}{14} = \frac{9}{14} = 0,6429$ sind die Rühreier ungenießbar.

8.2.6   **a)** Binominalverteilung mit den Parametern n und $\Theta = \frac{M}{N}$ also

$B(n; \frac{M}{N})$.

b) Hypergeometrische Verteilung: $H(N, M, n)$.

8.2.7 X ist $B(15;0,4)$-verteilt; **a)** $0,0271$; **b)** $0,0338$; **c)** $0,8145$.

8.3.1   Anzuwenden ist die geometrische Verteilung mit $\Theta = \frac{1}{37}$. Die Zufallsvariable X ist die Anzahl der Versuche bis zum ersten Auftreten der Zahl 13. Gesucht ist also $P(X > 20)$.

$P(X > 20) = 1 - P(X \le 20) = 1 - F_X(20) = 1 - (1 - (1 - \frac{1}{37})^{20}) = 0,5781.$

8.3.2   Geometrische Verteilung mit $\Theta = \frac{1}{6}$. Gesucht $P(X > 3)$.

$P(X > 3) = 1 - P(X \le 3) = 1 - F_X(3) = 1 - (1 - (1 - \frac{1}{6})^3) = (\frac{5}{6})^3 = 0,5787$

8.4.1   **a)** $0,0504$;
           b) $\mu = 9$; $1 - F_X(8) = 1 - 0,4557 = 0,5443$.

8.4.2   **a)** X ist $Ps(5)$-verteilt: $0,0653$;
           b) X ist $Ps(10)$-verteilt: $0,0948$.

8.4.3   **a)** $P(A) = 0,0788$
           b) $\mu = 8$; $P(B) = 0,1912$.

8.4.4   Aus der Unabhängigkeit der beiden Richtungen ergibt sich für ein Dreiminutenintervall der Erwartungswert $\mu = 3 \cdot (1,2 + 0,8) = 6$.
Die gesuchte Wahrscheinlichkeit ist dann $F_X(3) = 0,1512$.

8.4.5 $E(Y) = E(x_1) + E(x_2) + E(x_3) + E(x_4) = 27 + 23 + 35 + 15 = 100;$
$VAR(Y) = E(Y) = 100.$

8.4.6   **a)**
$\bar{x} = \frac{19 \cdot 0 + 20 \cdot 1 + 8 \cdot 2 + 4 \cdot 3 + 1 \cdot 4}{52} = 1;\ s^2 = \frac{19 \cdot 1 + 20 \cdot 0 + 8 \cdot 1 + 4 \cdot 4 + 1 \cdot 9}{52} = 1;$

b) Poissonverteilung mit $\mu = 1$.

Anzahl Feuermeldungen x	0	1	2	3	4	5	6
$Ps(x|1)$		0,3679	0,3679	0,1839	0,0613	0,0153	0,0031	0,0005
Erwartete Häufigkeiten	19	19	10	3	1	0	0
Beobachtete Häufigkeiten	19	20	8	4	1	0	0

c) $P(X \geq 5) = 0,0037 \Rightarrow$ alle $\dfrac{1}{0,0037} \approx 270$ Wochen $\Rightarrow$ alle 5,2 Jahre.

8.5.1   **a)** $F_Z(2,4) - 0,5 = 0,99180 - 0,5 = 0,49180$

b) $P(-1,3 < Z \leq 0) = P(0 \leq Z < 1,3) = 0,90320 - 0,5 = 0,40320$

c) $P(-0,8 \leq Z < 0,8) = 2P(0 < Z < 0,8) = 2 \cdot (0,78814 - 0,5) = 0,57628$

d) $F_Z(2,1) = 0,98214$

e) $F_Z(0,1) = 0,53983$

f) $F_Z(1,6) - F_Z(0,2) = 0,94520 - 0,57926 = 0,36594$

8.5.2   **a)** $F_Z(A) = 0,6 \Rightarrow A = 0,253$

b) $1 - F_Z(B) = 0,8 \Rightarrow B = -0,842$

c) $F_Z(C) = 0,8 \Rightarrow C = 0,842$

d) $F_Z(D) = 0,85 \Rightarrow D = 1,036$

8.5.3   **a)** $P(X < A) = P(Z < \dfrac{A-100}{10}) = 0,7 \Rightarrow \dfrac{A-100}{10} = 0,524$
$\Rightarrow A = 105,24$

b) $P(X > B) = P(Z > \dfrac{B-100}{10}) = 0,65 \Rightarrow B = 96,15$

c) $P(|X - 100| < C) = P\left(-\dfrac{C-100}{10} < Z < \dfrac{C-100}{10}\right) = 0,5 \Rightarrow C = 6,75$

8.5.4 $\sigma = 5; \quad \mu = ?; \quad P(X < 50) = 0,03;$
$P(Z < \dfrac{50-\mu}{5}) = 0,03 \Rightarrow \dfrac{50-\mu}{5} = -1,881 \Rightarrow \mu = 59,405.$

8.5.5   **a)** $P(X < 390) = P(Z < -2) = 0,02275$, d. h. 2,275% Ausschuss.
b) $P(X < 407,5) = P(Z < 1,5) = 0,93319.$
c) Die Länge von 2 Brettern ist $N(800; \sqrt{25+25}) \approx N(800; 7)$-verteilt $\Rightarrow$
$P(Y > 793) = P(Z > -1) = P(Z < 1) = 0,84134.$

8.5.6   Bei der Lösung ist die Stetigkeitskorrektur zu beachten.

a) $P(X < 49,5) = P(Z < \dfrac{49,5 - 60}{10} = -1,05) = 0,14686$, d. h. rund 14,7%;

b) $P(79,5 < X < 95,5) = P(1,95 < Z < 3,55) = 0,99981 - 0,97441$
$$= 0,0254, \text{d. h. rund } 2,5\%;$$

c) $0,1 = P(Z < -1,28) = P(X < -1,28 \cdot 10 + 60) = P(X < 47,2)$, d. h. auf 47 Punkte.

8.5.7   **a)** $P(X < 0,6) = P(Z < -2) = 0,02275$, d. h. 2,275%;
b) $P(X > 0,62) = P(Z > 0,857) = 0,19572$, d. h. 19,572%.

8.5.8 $E(Y) = 20 - 10 = 10$; $VAR(Y) = 25 + 144 = 169$;

Y ist $N(10;13)$-verteilt; $P(Y < 23) = P(Z < 1) = 0,84134$.

8.5.9 $P(x > 50) = P(Z > \dfrac{50 - \mu}{10}) < 0,03 \Rightarrow \dfrac{50 - \mu}{10} \geq 1,881 \Rightarrow \mu \leq 31,19$

8.5.10 $P(X \leq 24,93) = P(Z \leq \dfrac{24,93 - 25}{0,05}) = P(Z \leq -1,4) = 0,08076$,   d. h.

8,076% Ausschuss.

8.5.11   **a)** $P(X < 9,94 \vee X > 10,18) = P(Z < -0,6 \vee Z > 1,8)$
$$= 0,27425 + 0,03593 = 0,31018; \text{d.h. } 31,018\% \text{ Ausschuss.}$$

b) $P(Z < \dfrac{9,5 - \mu}{0,1}) = 0,8 \Rightarrow \dfrac{9,5 - \mu}{0,1} = 0,842 \Rightarrow \mu = 9,4158$

8.5.12   **a)** $1 - F_Z(\dfrac{3 - 2}{0,5}) = 1 - F_Z(2) = F_Z(-2) = 0,02275$

b) $0,5 \cdot 0,5 = 0,25$

8.6.1   **a)** 0,95   **b)** $x_0 = 23,209$

8.6.2   **a)** $t_1 = 1,3104$ **b)** $t_2 = 1,6973$

8.6.3   **a)** $x_1 = 4,000$ **b)** $x_2 = 7,718$

c) $P(X > x_3) = P(\dfrac{1}{X} < \dfrac{1}{x_3})$; $\dfrac{1}{X}$ ist $F(6;12)$-verteilt; $x_3 = \dfrac{1}{2,996} = 0,3338$.

8.6.4 $r_2 = 12$

8.6.5 $F_X(x_0) = P(X < x_0) = P(\dfrac{1}{X} > \dfrac{1}{x_0}) = 0,01$; $\dfrac{1}{x_0} = 2,503 \Rightarrow x_0 \approx 0,4$.

8.7.1 $n\Theta(1-\Theta) = 49 \cdot 0{,}5 \cdot 0{,}5 = 12{,}25 > 9$

X ist näherungsweise N(24,5;3,5)-verteilt.

$$F_X(14) = \mathbf{P}(X \le 14) = \mathbf{P}(Z \le \frac{14{,}5 - 24{,}5}{3{,}5}) = \mathbf{P}(Z \le -\frac{10}{3{,}5})$$
$$= \mathbf{P}(Z \le -2{,}857) = 0{,}00214$$

8.7.2 **a)** Die exakte Verteilung ist die Hypergeometrische Verteilung.
b) Approximation durch die Poissonverteilung. Kriterien:

$\frac{M}{N} < 0{,}1$; $n > 30$; $\frac{n}{N} < 0{,}05$. Es ist $\frac{M}{N} = 0{,}0334$; $n = 60$; $\frac{n}{N} = 0{,}0006$

Für die gesuchte Wahrscheinlichkeit ergibt sich eine Poissonverteilung mit

$\mu = \frac{M}{N} n \approx 2 \Rightarrow \mathbf{P}(A) = 0{,}1429.$

8.7.3 **a)** Approximation der Hypergeometrischen Verteilung durch die
Normalverteilung $(\frac{M}{N} = 0{,}5;\ n = 100 > 30)$.

$$\mathbf{P}(40 < x < 60) = F_Z(\frac{60 + 0{,}5 - 50}{5}) - F_Z(\frac{40 - 0{,}5 - 50}{5}) = 0{,}96428$$

b) Approximation der Hypergeometrischen Verteilung durch die Poisson-
verteilung $(\frac{M}{N} = 0{,}05 < 0{,}1;\ n = 100 > 30;\ \frac{n}{N} = 0{,}033 < 0{,}05)$.

Näherungsverteilung: $\mathsf{Ps}(x|n\frac{M}{N}) = \mathsf{Ps}(x|5)$.

$\mathbf{P}(x > 6) = 1 - \mathbf{P}(x \le 6) = 1 - 0{,}7622 = 0{,}2378$
c) Hypergeometrische Verteilung.

9.0.1 $\frac{6.000}{250} = 24$; gezogen werden die Karten 36, 60, 84, 108, 132.

9.0.2 Richtig: **d)**.

9.0.3 Richtig: **b)**.

9.0.4 Richtig: **d)**.

9.0.5 Richtig: **a)**.

9.0.6 Richtig: **c)**.

9.0.7 Ergebnisse: (Abweichungen durch Rundungsdifferenzen)

Schicht	Q_ρ	$Q_\rho \sigma_\rho$	optimale Auft.	proportionale Auft.
0 – 50	0,2	1,6	16	30
51 – 100	0,35	3,4	34	52
101 – 150	0,05	0,75	7	8
151 – 200	0,15	3,0	30	23
201 – 250	0,25	6,25	63	37

9.0.8

N_ρ	Q_ρ	σ_ρ	$Q_\rho \sigma_\rho$	$Q_\rho \sigma_\rho / \sum Q_\rho \sigma_\rho$	n_ρ^*
800	0,4	1.250	500	0,5	100
200	0,1	3.000	300	0,3	60
1.000	0,5	400	200	0,2	40
2.000	1,0		1.000	1,0	

9.0.9 Optimale und proportionale Aufteilung sind gleich, wenn alle Schichten die gleiche Varianz besitzen.

10.1.1 Richtig: **a)** und **e)**.

10.1.2 Richtig: **b)** und **f)**.

10.1.3 (1) α vergrößern; (2) n vergrößern.

10.1.4 Durch Erhöhung des Stichprobenumfangs.

10.1.5 Richtig: **a)**.

10.1.6 <u>Wahrscheinlichkeitsintervall</u>: Intervall, in dem die Realisation einer Zufallsvariablen mit vorgegebener Wahrscheinlichkeit liegt. Verwendung bei Testverfahren.

<u>Konfidenzintervall</u>: Zufallsintervall, das einen zu schätzenden Parameter mit vorgegebener Wahrscheinlichkeit überdeckt. Verwendung bei Schätzverfahren.

10.1.7 Da N nicht gegeben ist, kann von $\dfrac{n}{N} < 0,05$ ausgegangen werden.

Aus der Stichprobe berechnet man $\bar{x} = 10$ und $s = 0,3$.

Es ist $\hat{\sigma}_{\bar{x}} = \dfrac{0,3}{\sqrt{9}} = 0,1$. Wegen $n - 1 < 30$ folgt:

$\mu_u = 10 - 2,262 \cdot 0,1 = 9,7738$; $\quad \mu_o = 10 + 2,262 \cdot 0,1 = 10,2262$.

10.1.8 Es ist $\dfrac{n}{N} < 0,05$. σ ist unbekannt. Es ist $\hat{\sigma}_{\bar{x}} = \dfrac{8}{\sqrt{64}} = 1$.

Da ein einseitiges Intervall zu bestimmen ist, ist $z = 1,28$.

$\mu_u = 75 - 1,28 \cdot 1 = 73,72$.

10.1.9 **a)** $\dfrac{n}{N} < 0,05$; $\hat{\sigma}_{\bar{x}} = \dfrac{32}{\sqrt{64}} = 4$;

$\mu_{u/o} = 250 \pm 1,65 \cdot 4 = 250 \pm 6,6$; $\quad \mu_u = 243,4$; $\quad \mu_o = 256,6$;

b) $n \geq \dfrac{\sigma^2 z^2}{e^2} = \dfrac{1600 \cdot 1,65^2}{100} = 16 \cdot 2,7225 = 43,56 \quad \Rightarrow \quad n \geq 44$.

10.1.10 $\mu_{u/o} = \bar{x} \pm z\sigma_{\bar{x}} = 3000 \pm 1,96 \cdot \dfrac{600}{\sqrt{36}} = 3000 \pm 196$;

$\mu_u = 2804$; $\quad \mu_o = 3196$.

10.1.11 $\bar{x} = 105$; $s^2 = 80/5 = 16$; $\hat{\sigma}_{\bar{x}} = \dfrac{s}{\sqrt{n-1}} = \dfrac{4}{\sqrt{4}} = 2$;

a) Studentverteilung mit $n - 1 = 4$ Freiheitsgraden; $t = 4,604$;

$\mu_{u/o} = 105 \pm 4,604 \cdot 2 = 105 \pm 9,208$; $\quad \mu_u = 95,792$; $\quad \mu_o = 114,208$;

b) $\sigma_u^2 = 5 \cdot \dfrac{16}{11,143} = 7,18$; $\sigma_o^2 = 5 \cdot \dfrac{16}{0,484} = 165,29$.

10.1.12 $\hat{\sigma}_{\bar{x}} = \dfrac{s}{\sqrt{n-1}} = \dfrac{4}{\sqrt{4}} = 2$;

Student-Verteilung mit 4 Freiheitsgraden; $t = 4,604$;

$\mu_{u/o} = \bar{x} \pm t\hat{\sigma}_{\bar{x}} = 405 \pm 4,604 \cdot 2 = 405 \pm 9,208$;

$\mu_u = 395,792$; $\quad \mu_o = 414,208$.

10.1.13 $z\hat{\sigma}_{\bar{x}} = 6,6 \quad \Rightarrow \quad 1,65 \cdot \dfrac{28}{\sqrt{n-1}} = 6,6 \quad \Rightarrow \quad \sqrt{n-1} = 7 \quad \Rightarrow \quad n = 50$

10.1.14 **a)** Halbierung der Breite. **b)** Ja, denn $z(99\%)$ ist größer als $z(95\%)$. **c)** Das Intervall wird breiter, weil im Nenner der Standardabweichung $\sqrt{n-1}$ statt $\sqrt{n}$ steht und weil $t(95\%) > z(95\%)$ gilt.

10.1.15 Richtig: **a)** und **d)**.

10.2.1 $np(1-p) = 625 \cdot 0,9 \cdot 0,1 > 9$ und $n = 625 \geq 600$ bei $p = 0,1 \Rightarrow$ Normalverteilung anwendbar;

$$\Theta_{u/o} = p \pm \left(\frac{1}{2n} + z\sqrt{\frac{p(1-p)}{n}}\right) = 0,1 \pm \left(\frac{1}{1250} + 1,65\sqrt{\frac{0,1 \cdot 0,9}{625}}\right) = 0,1 \pm 0,0206$$

$\Theta_u = 0,0794; \quad \Theta_o = 0,1206.$

10.2.2 Richtig: **b)** und **d)**.

10.2.3 $n = 25; \; x = 5; \; p = \frac{5}{25} = 0,2; \; np(1-p) = 25 \cdot 0,2 \cdot 0,8 = 4 < 9;$

$F_1 = \mathsf{F}(0,975;2n-2x+2;2x) = \mathsf{F}(0,975;42;10) = 3,248$ (interpolieren!);

$F_2 = \mathsf{F}(0,975;2x+2;2n-2x) = \mathsf{F}(0,975;12;40) = 2,288;$

$\Theta_u = \dfrac{5}{5+21 \cdot 3,248} = 0,068; \quad \Theta_o = \dfrac{6 \cdot 2,288}{6 \cdot 2,288 + 20} = 0,407.$

10.2.4 $p = 0,2 \; \Rightarrow \; np(1-p) = 400 \cdot 0,2 \cdot 0,8 = 64 > 9;$

$n = 400; \; \dfrac{n}{N} < 0,05;$

$$\Theta_o = 0,2 + \left(\frac{1}{800} + 1,65\sqrt{\frac{0,2 \cdot 0,8}{400}}\right) = 0,23425 \; \hat{=} \; 23,425\%$$

10.2.5 $np(1-p) = 55 \cdot \left(\dfrac{6}{55} \cdot \dfrac{49}{55}\right) < 9;$

$F_1 = \mathsf{F}(0,99;100;12) = 3,467; \; F_2 = \mathsf{F}(0,99;14;98) = 2,269$ (interpolieren!);

$\Theta_u = \dfrac{6}{6+50 \cdot 3,467} = 0,0335; \quad \Theta_o = \dfrac{7 \cdot 2,269}{7 \cdot 2,269 + 49} = 0,2448.$

10.2.6 Da $np(1-p) = 53 \cdot (\frac{3}{53})(1-\frac{3}{53}) < 9$ kann nicht unterstellt werden, dass der Anteilswert der *Steuergegner* normalverteilt ist. Da weiterhin $\dfrac{n}{N} < 0,05$ gilt, ergibt sich $\Theta_o = \dfrac{(x+1)F_2}{(x+1)F_2 + n - x}$ wobei

$F_2 = \mathsf{F}(1-\alpha; \; 2x+2; \; 2n-2x) = \mathsf{F}(0,95;8;100) = 2,032;$

$\Theta_o = \dfrac{4 \cdot 2,032}{4 \cdot 2,032 + 53 - 3} = 0,1398.$

10.2.7 $p = \dfrac{1}{36}; \; n = 36; \; np(1-p) = 36 \cdot \dfrac{1}{36} \cdot \dfrac{35}{36} < 9; \; x = 1; \; F_2 = \mathsf{F}(0,95;4;70);$

$\Theta_o = \dfrac{(x+1)F_2}{(x+1)F_2 + n - x} = \dfrac{2 \cdot 2,503}{2 \cdot 2,503 + 35} = 0,1251.$

Der Anteil beträgt höchstens 12,51%.

10.2.8 $n = 53; \; p = \dfrac{4}{53}; \; np(1-p) < 9;$

$F_1 = \mathsf{F}(0,975;100;8) = 3,739; \quad F_2 = \mathsf{F}(0,975;10;98) = 2,182$ (interpolieren!);

$\Theta_u = \dfrac{4}{4 + 50 \cdot 3,739} = 0,02095; \quad \Theta_o = \dfrac{5 \cdot 2,182}{5 \cdot 2,182 + 49} = 0,1821.$

10.3.1 $n = 20; \; s^2 = 5$

(1) $\chi_u^2 = 8,907; \quad \chi_o^2 = 32,852; \quad \sigma_o^2 = 3,04; \quad \sigma_o^2 = 11,23.$

(2) $\chi_u^2 = 10,117; \quad \chi_o^2 = \infty; \quad\quad \sigma_u^2 = 0; \quad\quad \sigma_o^2 = 9,88.$

(3) $\chi_u^2 = 0; \quad\quad\quad \chi_o^2 = 30,144; \quad \sigma_u^2 = 3,32; \quad \sigma_o^2 = \infty.$

10.3.2 $\chi_u^2 = 38,610; \; \chi_o^2 = 96,878;$ damit erhält man

$\dfrac{65 \cdot 64}{96,878} \le \sigma^2 \le \dfrac{65 \cdot 64}{38,61} \;\Rightarrow\; 42,94 \le \sigma^2 \le 107,74 \Rightarrow 6,55 \le \sigma \le 10,38.$

10.3.3 $\sigma_u^2 = \dfrac{ns^2}{\chi_o^2} = \dfrac{20 \cdot 5,2}{30,144} = 3,45; \quad \sigma_o^2 = \dfrac{ns^2}{\chi_u^2} = \dfrac{20 \cdot 5,2}{10,117} = 10,28.$

10.3.4 $\sigma_u^2 = \dfrac{ns^2}{\chi_o^2} = \dfrac{40 \cdot 25}{58,12} = 17,21; \quad \sigma_o^2 = \dfrac{ns^2}{\chi_u^2} = \dfrac{40 \cdot 25}{23,654} = 42,28.$

10.4.1   **a)** $N = 10.000; \; \sigma = 3; \; \alpha = 0,05; \; e = 0,5.$ Falls $n > 30$, ist die Stichprobenfunktion für das Durchschnittsalter näherungsweise normalverteilt.

$n \ge \dfrac{\sigma^2 z^2}{e^2} = \dfrac{9 \cdot 1,96^2}{0,25} = 138,298.$ Notwendiger Stichprobenumfang $n = 139$.

b) $N = 600; \; \sigma = 3; \; \alpha = 0,05; \; e = 0,5.$

$n \ge \dfrac{z^2 \sigma^2 N}{e^2(N-1) + z^2 \sigma^2} = \dfrac{1,96^2 \cdot 9 \cdot 600}{0,5^2 \cdot 599 + 1,96^2 \cdot 9} = 112,544.$

Der notwendige Stichprobenumfang beträgt $n = 113$.

10.4.2 $n \geq \dfrac{Nz^2\Theta(1-\Theta)}{e^2(N-1) + z^2\Theta(1-\Theta)}$

Setzt man die gegebenen Werte ein, so erhält man:

a) $n = \dfrac{800 \cdot 1{,}65^2 \cdot 0{,}2 \cdot 0{,}8}{(0{,}0004 \cdot 799 + 1{,}65^2 \cdot 0{,}2 \cdot 0{,}8)} = 461{,}4 \;\Rightarrow\; n \geq 462;$

b) $n = \dfrac{800 \cdot 2{,}58^2 \cdot 0{,}2 \cdot 0{,}8}{(0{,}0004 \cdot 799 + 2{,}58^2 \cdot 0{,}2 \cdot 0{,}8)} = 615{,}3 \;\Rightarrow\; n \geq 616.$

10.4.3 $z = 2 \;\Rightarrow\; n \geq \dfrac{z^2}{4e^2} = \dfrac{4}{4 \cdot 0{,}05^2} = \dfrac{1}{0{,}0025} = 400; \; n = 400.$

10.4.4 $\sigma_{\bar{X}} = \dfrac{\sigma}{\sqrt{n}} = \dfrac{\sigma}{\sqrt{36}} = 2 \;\Rightarrow\; \sigma = 12;$

            $\sigma_{\bar{X}} = \dfrac{\sigma}{\sqrt{n}} = \dfrac{12}{\sqrt{n}} = 1{,}2 \;\Rightarrow\; \sqrt{n} = 10 \;\Rightarrow\; n = 100.$

11.0.1   **a)** $H_0 : \overline{IQ}_M \leq \overline{IQ}_F; \; H_1 : \overline{IQ}_M > \overline{IQ}_F.$

b) $H_0 : \mu = \mu_0 = 78{,}65; \; H_1 : \mu \neq \mu_0.$

Die Produktion wird im allgemeinen nur dann gestoppt, wenn statistisch gesichert ist, dass die Norm nicht mehr eingehalten wird. Dabei ist sowohl eine Abweichung nach oben als auch nach unten von Interesse.

c) $H_0 : \mu \leq \mu_0 = 1{,}2 \; \ell / \mathrm{h}; \; H_1 : \mu > \mu_0.$

Die Alternativhypothese muss enthalten, was der Konkurrent nachweisen will.

11.0.2   **a)** zweiseitig; **b)** einseitig; **c)** einseitig; **d)** zweiseitig.

11.0.3   **a)** $H_0 : \Theta \leq \Theta_0 = 0{,}05;$ **b)** $H_0 : \mu = \mu_0 =$ Sollwert;

c) $H_0 : \mu \geq \mu_0 =$ Mindestgewicht;   **d)** X ist $N(\mu, \sigma)$-verteilt.

11.0.4   Fehler 1. Art: Ablehnung einer richtigen Nullhypothese.
Fehler 2. Art: Nichtablehnung einer falschen Nullhypothese.
P(Fehler 1. Art wird begangen) $= \alpha$; **P**(Fehler 2. Art wird begangen) $= \beta$.
β wächst, wenn α abnimmt und umgekehrt. Wenigstens einer der beiden Parameter α und β nimmt ab, wenn n zunimmt.

11.0.5 $H_0 : \mu \geq \mu_0 = 9\ \ell\,/\,\mathrm{km}$

11.0.6 $H_0 : \mu \geq \mu_0 = 15$
a) H_0 nicht ablehnen, da $\bar{x} > \mu_0$.
b) Keine Testentscheidung möglich, Angabe von s oder σ fehlt.

11.0.7 **a)** $H_0 : \Theta \leq \Theta_0 = 50\%$;
b) H_0 wird weder widerlegt noch bestätigt.

11.0.8 Die Wahrscheinlichkeit für den Fehler 2. Art wird dann sehr groß.

11.0.9 Einseitige Nullhypothesen bei **a)**, **d)** und **e)**.

11.0.10 **a)** einseitig; **b)** zweiseitig; **c)** zweiseitig.

11.0.11 Richtig: **b)** und **d)**.

11.0.12 **a)** richtig: Definition des Signifikanzniveaus;
b) falsch: $\beta(\mu)$ gibt β in Abhängigkeit vom tatsächlichen Parameterwert μ an;
c) falsch: β gibt in Abhängigkeit vom unbekannten Parameter μ die Wahrscheinlichkeit an, mit der H_0 nicht verworfen wird.

11.0.13

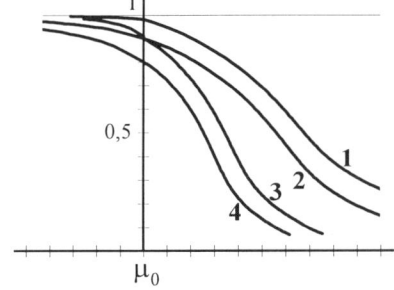

11.0.14 **a)** $H_0 : \mu \leq \mu_0 = 500$; **b)** $\alpha = 0,1$;
c) es ist $\beta(c_o) = 0,5 \ \Rightarrow \ c_o = 530$; **d)** $c_o = \mu_0 + z \dfrac{\sigma}{\sqrt{n}}$; $z = 1,28 \ \Rightarrow \ n = 41$.

11.0.15 **a)** $H_0 : \mu \leq \mu_0 = 120$; **b)** $\alpha = 0,1$; **c)** $c_o = 170$;
d) $\sigma_{\bar{X}} \approx \dfrac{c_o - \mu_0}{z} = \dfrac{50}{1,28} \approx 39$.

11.0.16 Richtig: **c)**, **h)** und **i)**.

11.0.17 Für $\mu = \mu_0$ überdecken sich die Verteilungen von $\overline{X}|H_0$ und $\overline{X}(\mu)$. Folglich ist $\beta(\mu) = 1 - \alpha$.

Für noch kleinere μ wird die Fläche, die aus der Verteilung $X(\mu)$ an der festen rechten Grenze c_o abgeschnitten wird, immer kleiner.

Folglich gilt $\beta(\mu) \geq 1 - \alpha$.

11.0.18 Falsch: **a)**, **d)** und **f)**.

11.0.19 $\mu_0 = 237$; $\alpha = 0,05$; $z_\alpha = 1,65$; $\mu_1 = 225$; $\beta = 0,02$; $z_\beta = 2,05$;

$$n = \frac{576 \cdot (1,65 + 2,05)^2}{(237 - 225)^2} = 54,76 \implies n = 55;$$

$$c_u = \frac{2,05 \cdot 237 + 1,65 \cdot 225}{1,65 + 2,05} = 231,65.$$

11.0.20 Richtig: **d)**, **e)**, **i)** und **j)**.

11.0.21 $\alpha = \beta$.

11.0.22 $H_0: \mu \geq \mu_0 = 500$. H_0 wird nicht abgelehnt für alle $\overline{x} \geq 500 = \mu_0$.

11.0.23 **a)** $c = 0,5(\mu_0 + \mu_1) = 25$;

　　　　　b) α und β werden kleiner.

11.0.24 $\Theta_0 = 0,05$; $\alpha = 0,05$; $z_\alpha = 1,65$; $\Theta_1 = 0,08$; $\beta = 0,01$; $z_\beta = 2,33$;

$$\sigma_0 = \sqrt{\Theta_0(1 - \Theta_0)} = \sqrt{0,05 \cdot 0,95} = \sqrt{0,0475} = 0,218;$$

$$\sigma_1 = \sqrt{\Theta_1(1 - \Theta_1)} = \sqrt{0,08 \cdot 0,92} = \sqrt{0,0736} = 0,271;$$

$$n = \frac{(z_\alpha \sigma_0 + z_\beta \sigma_1)^2}{(\Theta_1 - \Theta_0)^2} = \frac{(1,65 \cdot 0,218 + 2,33 \cdot 0,271)^2}{(0,08 - 0,05)^2} = 1091,5 \implies n = 1092.$$

11.0.25 Richtig: **b)**, **d)** und **e)**.

12.1.1 $\overline{x} = 42$; $s = 11,9$; $n = 12$; $\hat{\sigma}_{\overline{X}} = \frac{11,9}{\sqrt{11}} = 3,588$.

Einseitiger Test: Nullhypothese: $\mu \geq \mu_0 = 50$.

Annahmekennzahl: $c_u = \mu_0 - t\hat{\sigma}_{\overline{X}} = 50 - 2,718 \cdot 3,588 = 40,25 < 42$;

$\implies$ Keine signifikante Verringerung der durchschnittlichen Wartezeit.

12.1.2 **a)** H_0: $\mu \geq \mu_0 = 20$; $c_u = 20 - 2\dfrac{6}{\sqrt{36}} = 18$ $\Rightarrow c_u > \bar{x} = 17,9$;

$\Rightarrow H_0$ ablehnen.

b) H_0: $\mu \geq \mu_0 = 20$; H_1: $\mu \leq \mu_0 = 16,5$; $c_u = 20 - 2 \cdot \dfrac{7}{\sqrt{49}} = 18$.

$\beta = \mathbf{P}(\bar{X} > 18 | H_1) = 1 - \mathbf{P}(\bar{X} \leq 18 | H_1)$

$= 1 - F_Z(\dfrac{18 - 16,5}{\frac{7}{\sqrt{49}}}) = 1 - F_Z(1,5) = 1 - 0,93319 = 0,06681.$

12.1.3 H_0: $\mu \geq \mu_0 = 100$;

a) Für einen Test auf Basis einer näherungsweise normalverteilten Prüfgröße ist der Stichprobenumfang zu klein.

b) $\hat{\sigma}_{\bar{X}} = \dfrac{s}{\sqrt{n-1}} = \dfrac{12}{\sqrt{36}} = 2$; $c_u = \mu_0 - z\hat{\sigma}_{\bar{X}} = 100 - 1,65 \cdot 2 = 96,7.$

$\Rightarrow H_0$ nicht verwerfen, er kann nicht sicher sein.

12.1.4 $N = 100$; $n = 19$; $s^2 = 19$; $\sigma_{\bar{X}} = \sqrt{\dfrac{19}{19}} \cdot \sqrt{\dfrac{100 - 19}{100 - 1}} \approx 0,9$;

H_0: $\mu \geq \mu_0 = 50\,\text{kg}$; $c_u = \mu_0 - z\sigma_{\bar{X}} = 50 - 2,33 \cdot 0,9 = 50 - 2,097 = 47,903$;

$\bar{x} > c_u \Rightarrow$ Lieferung wird angenommen.

12.1.5 H_0: $\mu \geq \mu_0 = 20$; $\sigma_{\bar{X}} = \dfrac{4}{\sqrt{64}} = 0,5$;

$c_u = \mu_0 - z\sigma_{\bar{X}} = 20 - 2,33 \cdot 0,5 = 18,835$.

$\Rightarrow H_0$ nicht ablehnen.

12.1.6 H_0: $\mu \leq \mu_0 = 5$; $n = 10$; $s = 3$; $\hat{\sigma}_{\bar{X}} = \dfrac{s}{\sqrt{n-1}} = 1$; $t = 1,833$;

$c_o = \mu_o + t\hat{\sigma}_{\bar{X}} = 5 + 1,833 \cdot 1 = 6,833 < \bar{x} = 7 \Rightarrow H_0$ ablehnen;

die durchschnittliche Schlafdauer beträgt mehr als 5 Stunden.

12.1.7 **a)** $z\sigma_{\bar{X}} = 1,96\sigma_{\bar{X}} = 3,92 \Rightarrow \sigma_{\bar{X}} = 2$;

b) $\beta = \mathbf{P}(\text{Nichtablehnung } H_0 | H_1) = F_Z\left(\dfrac{103,92 - 104}{2}\right) - F_Z\left(\dfrac{96,08 - 104}{2}\right)$

$= F_Z(-0,04) - F_Z(-3,96) = 0,48401.$

12.2.1 $n = 15$; $x = 6$ *Nichttreffer*; Test über Θ; $H_0: \Theta \leq \Theta_0 = 0{,}2$;

$n\Theta_0(1 - \Theta_0) = 15 \cdot 0{,}2 \cdot 0{,}8 = 2{,}4 \leq 9 \Rightarrow$ Approximation durch Normalverteilung nicht möglich;

$n\Theta_0 = 3 \leq 10$; $n = 15 < 1500\Theta_0 = 300 \Rightarrow$ Approximation durch Poissonverteilung nicht möglich.

Es ist die Binomialverteilung zu verwenden.

$H_0: \Theta \leq \Theta_0 = 0{,}2$; $c_o = 6$.

Ergebnis: H_0 nicht ablehnen, da $x = 6 \leq 6 = c_o$.

Die Behauptung kann nicht als Jägerlatein bezeichnet werden.

12.2.2 $H_0: \Theta \geq \Theta_0 = 0{,}25$; X ist binomialverteilt mit $n = 20$; $\Theta_0 = 0{,}25$;
$c_u = 2$; Testgröße $x = 2 \geq c_u$.

Testentscheidung: H_0 nicht ablehnen, d. h. Behauptung des Losverkäufers ist nicht widerlegt.

12.2.3 **a)** $H_0: \Theta \leq \Theta_0 = 0{,}2$; $H_1: \Theta > \Theta_0 = 0{,}2$;

b) $n\Theta_0(1 - \Theta_0) = 16 > 9$;

$c_o = n\Theta_0 + 0{,}5 + z\sqrt{n\Theta_0(1 - \Theta_0)} \Rightarrow 25 = 20 + 0{,}5 + z\sqrt{16}$

$\Rightarrow z = 1{,}125 \Rightarrow \alpha = 0{,}13029$ bzw. $13{,}029\%$.

12.2.4 $H_0: \Theta \leq \Theta_0 = 0{,}02$; $n\Theta_0(1 - \Theta_0) = 50 \cdot 0{,}02 \cdot 0{,}98 < 9 \Rightarrow$ Normalverteilung nicht anwendbar; $n\Theta_0 = 1 < 10$ und $1500\Theta_0 = 30 < n = 50 \Rightarrow$ Approximation durch Poisson-Verteilung mit $\mu = n\Theta_0 = 1$.

$c_o = 3$; $x = 2 < c_o = 3 \Rightarrow H_0$ nicht ablehnen.

Das Vorgehen der Beamten ist nicht gerechtfertigt.

12.2.5 **a)** $H_0: \Theta \geq \Theta_0 = 0{,}05$; $n\Theta_0(1 - \Theta_0) = 100 \cdot 0{,}05 \cdot 0{,}95 < 9$;

$n\Theta_0 = 5 < 10$ und $n \geq 1500\Theta_0 = 75 \Rightarrow$ Approximation durch Poisson-Verteilung mit $\mu = 5$; $c_u = 2$; $x = 2$;

H_0 nicht ablehnen, d. h. die Äpfel der *Nato* sind nicht wurmfreier als die der *BafüCh*.

b) $\alpha^* = F_X(c_u - 1) = 0{,}0404$

12.2.6 $H_0: \Theta \geq \Theta_0 = 0,2$; $n\Theta_0(1-\Theta_0) = 64 \cdot 0,2 \cdot 0,8 = 10,24 > 9 \Rightarrow$ Normalverteilung anwendbar;

$$c_u = 64 \cdot 0,2 - (0,5 + 2,33 \cdot \sqrt{64 \cdot 0,2 \cdot 0,8})$$
$$= 12,8 - (0,5 + 2,33 \cdot 3,2) = 12,8 - 7,956 = 4,844 < 5 = x.$$

H_0 wird nicht abgelehnt. Es lohnt sich nicht.

12.2.7 $n\Theta_0(1-\Theta_0) = 60 \cdot 0,03 \cdot 0,97 < 9 \Rightarrow$ Approximation durch Normalverteilung nicht möglich, aber durch Poisson-Verteilung mit $\mu = n\Theta_0 = 1,8$, da $n\Theta_0 = 60 \cdot 0,03 = 1,8 < 10$ und $60 = n \geq 1500\Theta_0 = 45$.

$H_0: \Theta \leq \Theta_0 = 0,03$; $c_o = 5$; H_0 nicht ablehnen.

Der Verdacht ist nicht gerechtfertigt.

12.3.1 $H_0: \sigma^2 \geq \sigma_0^2 = 6$; $c_u = \dfrac{6 \cdot 10,117}{20} = 3,035$;

Ergebnis: H_0 nicht ablehnen, da $s^2 = 4,51 > c_u = 3,035$.

12.3.2 $H_0: \sigma^2 \leq \sigma_0^2 = 12$; $\alpha = 0,01$;

$$c_o = \frac{\sigma_0^2 \chi^2(1-\alpha; n-1)}{n} = \frac{12 \cdot 33,409}{18} = 22,273 > s^2 = 16;$$

H_0 nicht ablehnen.

12.4.1 $\hat{\sigma}_D = \sqrt{\dfrac{8^2}{65-1} + \dfrac{12^2}{49-1}} = \sqrt{1 + \dfrac{144}{48}} = \sqrt{1+3} = 2$;

$H_0: \mu_1 - \mu_2 = 0$; $d = \bar{x}_1 - \bar{x}_2 = 55 - 45 = 10$; $c_{u/o} = \pm z\hat{\sigma}_D = \pm 2,58 \cdot 2 = \pm 5,16$;

$d > c_o \Rightarrow H_0$ ablehnen, d. h. es besteht ein signifikanter Unterschied.

12.4.2 $H_0: \mu_1 = \mu_2$ bzw. $\mu_1 - \mu_2 = 0$

$$\hat{\sigma}_D = \sqrt{\frac{25 \cdot 4 + 25 \cdot 8}{25 + 25 - 2} \cdot \frac{25 + 25}{25 \cdot 25}} = \sqrt{0,5} \approx 0,7; \quad t^*(48; 0,995) = 2,6822;$$

$d = -1,5$; $c_{u/o} = \pm 2,6822 \cdot 0,7 = \pm 1,9$;

Testergebnis: $c_u < d < c_o \Rightarrow H_0$ nicht ablehnen, d. h. die Mittelwerte der beiden Grundgesamtheiten sind nicht signifikant verschieden.

12.4.3 $H_0{:}\Theta_2 - \Theta_1 \le 0;$

$n_1 = 100; \; n_2 = 100; \; \alpha = 0{,}1; \; z = 1{,}28; \; p_1 = 0{,}2; \; p_2 = 0{,}11;$

Wegen $n_1 p_1 (1 - p_1) = 100 \cdot 0{,}2 \cdot 0{,}8 = 16 > 9$ und

$n_2 p_2 (1 - p_2) = 100 \cdot 0{,}11 \cdot 0{,}89 = 9{,}79 > 9$ ist bei richtiger Nullhypothese die

Stichprobenfunktion $d = p_2 - p_1$ näherungsweise $\mathsf{N}\!\left(0; \sqrt{p(1-p)\dfrac{n_1 + n_2}{n_1 \cdot n_2}}\right)$-

verteilt.

$p = \dfrac{n_1 p_1 + n_2 p_2}{n_1 + n_2} = \dfrac{20 + 11}{200} = 0{,}155; \; \hat{\sigma}_D = \sqrt{0{,}155 \cdot 0{,}845 \cdot \tfrac{200}{10.000}} = 0{,}0512;$

$c_o = z \hat{\sigma}_D = 1{,}28 \cdot 0{,}0512 = 0{,}0655; \; d = 0{,}2 - 0{,}11 = 0{,}09 > c_o.$

Die Anteilswertdifferenz $d = 0{,}09$ liegt außerhalb des Annahmebereichs. Die Nullhypothese muss deshalb verworfen werden. Bei einem Signifikanzniveau von 10% kann geschlossen werden, dass sich die Landbevölkerung mehr als die Stadtbevölkerung für Fußball interessiert.

12.4.4 $H_0{:}\Theta_A - \Theta_B \le 0; \; p = \dfrac{100 \cdot 0{,}75 + 100 \cdot 0{,}65}{100 + 100} = 0{,}7;$

$\hat{\sigma}_D = \sqrt{0{,}7 \cdot 0{,}3 \cdot \dfrac{200}{10.000}} = \sqrt{\dfrac{42}{10.000}} = 0{,}065; \; d = 0{,}75 - 0{,}65 = 0{,}1;$

$c_o = 1{,}28 \cdot 0{,}065 = 0{,}083 < 0{,}1.$ H_0 wird abgelehnt. Das Medikament hilft.

12.4.5 $H_0{:}\Theta_A - \Theta_B = 0; \; p = \dfrac{50 \cdot 0{,}4 + 50 \cdot 0{,}6}{100} = 0{,}5;$

$\hat{\sigma}_D = \sqrt{0{,}5 \cdot 0{,}5 \cdot \dfrac{100}{2500}} = \sqrt{\dfrac{1}{100}} = 0{,}1; \; z = 2{,}58;$

$c_{u/o} = \pm 2{,}58 \cdot 0{,}1 = \pm 0{,}258; \; d = 0{,}4 - 0{,}6 = -0{,}2 > c_u$

H_0 kann nicht abgelehnt werden, d. h. die Frauenanteile sind nicht verschieden.

12.5.1 $H_0{:}\sigma_1^2 \le \sigma_2^2 \; \Leftrightarrow \; \dfrac{\sigma_1^2}{\sigma_2^2} \le 1;$

Testgröße: $F^* = \dfrac{10}{7{,}5} \cdot \dfrac{100}{100} \cdot \dfrac{99}{99} = \dfrac{10}{7{,}5} = 1{,}333;$

$c_o = \mathsf{F}(0{,}99;99;99) = 1{,}603$ (interpolieren); $F^* < c_o \Rightarrow H_0$ nicht ablehnen.
Die Firma wird die Kartoffeln des Importeurs 1 kaufen.

12.5.2 $H_0: \dfrac{\sigma_1^2}{\sigma_2^2} = 1; \quad F^* = \dfrac{62 \cdot 21 \cdot 30}{42 \cdot 31 \cdot 20} = 1{,}5;$

$c_o = F(0{,}95; 20; 30) = 1{,}932; \quad c_u = \dfrac{1}{F(0{,}95; 30; 20)} = \dfrac{1}{2{,}039};$

$c_u < F^* < c_o \Rightarrow H_0$ nicht ablehnen, d.h. die Varianzen der Grundgesamtheit sind nicht signifikant voneinander verschieden.

12.6.1

Testperson	1	2	3	4	5	6	7	8	9	10	11	12
$\text{sign}(x_A - x_B)$	+	−	+	+	+	+	+	+	−	+	+	+

Wert der Prüfgröße $D_n = 10$. D_n ist $B(12; 0{,}5)$-verteilt. Annahmegrenzen $c_u = 3$; $c_o = 9$. Wegen $D_n = 10 > 9 = c_o$ kann H_0 abgelehnt werden. Die Methoden A und B liefern statistisch signifikant verschiedene Ergebnisse.

12.6.2 $\text{sign}(x_i - \bar{x}_Z)$: +, −, ./., −, −, +, ./., −, −, −. Da $x_3 = x_7 = \bar{x}_Z$ werden nur 8 Werte berücksichtigt. $D_8^* = 2$; $c_u = 1$; $c_o = 7 \Rightarrow H_0$ nicht ablehnen.

12.6.3 H_0: Beide Mittel wirken gleich; Annahmegrenzen: $c_u = 2$; $c_o = 8$; $D_n = 8$. Testentscheidung: H_0 kann nicht abgelehnt werden, d.h. die Wirkung der Mittel ist nicht statistisch signifikant verschieden.

12.6.4 H_0: $\bar{x}_Z = \bar{x}_{Z0} = 15$; $D_{16} = 2$; 2 Stichprobenwerte sind größer als $\bar{x}_{Z0} = 15$. $c_u = 4$; $c_o = 12$; $D_{16} < c_u \Rightarrow H_0$ ablehnen, d. h. $\bar{x}_Z \neq 15$.

12.6.5 H_0: Beide Mittel wirken gleich. 3 gleiche Paare (1., 5. und 6.) müssen gestrichen werden. $\Rightarrow D_n$ ist $B(12; 0{,}5)$-verteilt.

$c_u = 2 < D_n = 8 < c_o = 10 \Rightarrow H_0$ nicht ablehnen, d.h. ein Unterschied ist statistisch nicht nachweisbar.

12.6.6

d_i	1	−2	1	−3	−3	−3	1	−3	−1	−3	Summe
Rang- +	2,5		2,5				2,5				7,5
Zahlen −		5		8	8	8		8	2,5	8	47,5

$R_{10} = 7{,}5 < c_u = 8 \Rightarrow H_0$ ablehnen, d. h. es besteht ein signifikanter Unterschied zwischen den Schlafmitteln.

12.7.1 H_0: Die Anteile sind gleich.

h_{oi}	h_{ei}	$h_{oi} - h_{ei}$	$(h_{oi} - h_{ei})^2$	$\dfrac{(h_{oi} - h_{ei})^2}{h_{ei}}$
10	10	0	0	0
12	10	2	4	0,4
8	10	-2	4	0,4
10	10	0	0	0
				0,8

$c_o = 7,815 > \chi_*^2 = 0,8$

H_0 nicht ablehnen.

12.7.2 **a)** Binomialverteilung mit $n = 4$ und $\Theta = 0,5$.

b) χ^2-Test:

Anzahl Zahl	beobachtete Häufigkeit h_{oi}	Binomial- verteilung P_i	erwartete Häu- figkeit $h_{ei} = nP_i$	$h_{oi} - h_{ei}$	$\dfrac{(h_{oi} - h_{ei})^2}{h_{ei}}$
0	15	1/16	10	5	2,5
1	54	4/16	40	14	4,9
2	55	6/16	60	-5	0,42
3	30	4/16	40	-10	2,5
4	6	1/16	10	-4	1,6
	160				11,92

$c_o = \chi^2(0,95;4) = 9,488; \quad \chi_*^2 = 11,92 > c_o$

Die Nullhypothese, dass alle vier Münzen des Spielers ideal sind, muss verworfen werden.

c) Der χ^2-Test wie in Teil **b)** ist unzweckmäßig, da zu aufwendig.

Test der Nullhypothese (für eine Münze): H_0: $\Theta = \Theta_0 = 0,5$.

12.7.3 H_0: Die Anzahl der Fahrzeuge pro Periode ist poissonverteilt mit $\mu = 2,5$.

j	x_j	h_{oj}	$f_X(x_j)$	h_{ej}	$h_{oj}-h_{ej}$	$(h_{oj}-h_{ej})^2$	$\dfrac{(h_{oj}-h_{ej})^2}{h_{ej}}$
1	0	64	0,0821	50,9	13,10	171,5576	3,3704
2	1	137	0,2052	127,2	9,78	95,5702	0,7512
3	2	161	0,2565	159,0	1,97	3,8809	0,0244
4	3	127	0,2138	132,6	-5,56	30,8691	0,2329
5	4	70	0,1336	82,8	-12,83	164,6602	1,9879
6	5	35	0,0668	41,4	-6,42	41,1651	0,9939
7	6	17	0,0278	17,2	-0,24	0,0557	0,0032
8 9 10	7 8 9	4 4 1	0,0142	8,8	0,20	0,0384	0,0044
		620	1,0000				$7,3682=\chi_*^2$

Die letzten drei Zeilen ($j=8,9,10$) mussten zusammengefasst werden, da
sonst die Forderung $h_{ej}\geq 5$ verletzt wäre. Die zugehörige Wahrscheinlichkeit berechnet sich als $\mathbf{P}(X\geq 7)=1-F_X(6)=1-0,9858=0,0142$.
Die obere Annahmegrenze wird aus der χ^2-Verteilung mit $m-1$ Freiheitsgraden abgelesen. Nach der Zusammenfassung der letzten drei Zeilen liegen noch $m=8$ Klassen bzw. Ausprägungen vor. Es gilt also für $\alpha=0,05$:
$c_o=\chi^2(0,95;7)=14,067$. Es ist $\chi_*^2=7,364\leq 14,067=c_o$.
Die Nullhypothese kann daher nicht abgelehnt werden.

12.7.4

	h_o	P aus einer N(30;10)- Verteilung	h_e	h_o-h_e	$\dfrac{(h_o-h_e)^2}{h_e}$
unter 10	46	0,02275	23	23	23
10 bis unter 20	129	0,13591	136	-7	0,4
20 bis unter 30	331	0,34134	341	-10	0,3
30 bis unter 40	347	0,34134	341	6	0,1
über 40	147	0,15866	159	-12	0,9
					24,7

$c_o=13,277<24,7=\chi_*^2$; H_0 ablehnen, d. h. die Daten stammen nicht aus
einer N(30;10)-verteilten Grundgesamtheit.

12.7.5

h_{oj}	6	15	39	40
h_{ej}	10	20	30	40
$\dfrac{(h_{oj}-h_{ej})^2}{h_{ej}}$	$\dfrac{16}{10}$	$\dfrac{25}{20}$	$\dfrac{81}{30}$	$\dfrac{0}{40}$

$c_o = \chi^2(0{,}95;3) = 7{,}815$

B.M.'s Behauptung ist nicht gesichert, da $\chi_*^2 = 5{,}55 \le 7{,}815 = c_o$.

12.8.1 H_0: Die Merkmale sind unabhängig;

Aufteilung der Felder:

h_o	$(h_o - h_e)^2$
$h_o - h_e$	h_e

	0 bis unter 20		20 bis unter 30		30 bis unter 50		
verheiratet	65 20	400 45	20 0	0 20	15 -20	400 35	100
ledig	15 -12	144 27	10 -2	4 12	35 14	196 21	60
geschieden	10 -8	64 18	10 2	4 8	20 6	36 14	40
	90		40		70		200

Da sich in der letzten Spalte ein Wert $h_e < 5$ ergab, wurden die 3. und 4. Spalte zusammengefasst. Es verbleiben drei Zeilen und drei Spalten: Anzahl der Freiheitsgrade 4; $c_o = \chi^2(0{,}95;4) = 9{,}488$. Da schon $\frac{400}{45} + \frac{144}{27} > c_o$ kann H_0 verworfen werden. Schminkverbrauch ist abhängig vom Familienstand.

12.8.2

		Mathematiknote						
		gut		mittel		schlecht		
Stati- stik- Note	gut	10 4	16 6	6 -2	4 8	4 -2	4 6	20
	mittel	12 0	0 12	24 8	64 16	4 -8	64 12	40
	schlecht	2 -4	16 6	2 -6	36 8	16 10	100 6	20
		24		32		24		80

H_0: Unabhängigkeit der beiden Merkmale;

$c_o = 9{,}488 < \chi_*^2 = \dfrac{100}{6} + \ldots \Rightarrow H_0$ wird verworfen   Zusammenhang.

12.8.3   Da sich in der letzten Zeile Werte $h_e < 5$ ergeben, wurden 4. und 5. Zeile zusammengefasst.

	Fach						
	WiWi		Elektrotechnik		Maschinenbau		
Essen 1	7	4	6	9	17	25	
	-2	9	-3	9	5	12	30
Essen 2	6	0	8	4	6	4	
	0	6	2	6	-2	8	20
Essen 3	7	1	6	0	7	1	
	1	6	0	6	-1	8	20
Essen 4	10	1	10	1	10	4	
und 5	1	9	1	9	-2	12	30
		30		30		40	100

$$\chi_*^2 = \frac{4}{9} + \frac{9}{9} + \frac{25}{12} + \frac{4}{6} + \frac{4}{8} + \frac{1}{6} + \frac{1}{8} + \frac{1}{9} + \frac{1}{9} + \frac{4}{12} = 5,542$$

$$\chi_*^2 = 5,542 < c_o = \chi^2(0,95;6) = 12,592.$$

H_0 nicht ablehnen, d. h. es ist keine Abhängigkeit nachweisbar.

12.8.4 H_0: Unabhängigkeit.
Da in der letzten Spalte h_e-Werte kleiner als fünf auftreten, werden 2 Spalten (1. und 3.) zusammengefasst.

		Firma				
		Glasig und Taugnix		Klüsig		
	A	20	0	20	0	
		0	20	0	20	40
Fehler	B	20	25	10	25	
		5	15	-5	15	30
	C	10	25	20	25	
		-5	15	5	15	30
			50		50	100

$$\chi_*^2 = \frac{100}{15} = 6,\overline{6} > c_o = \chi^2(0,95;2) = 5,991.$$

Die Nullhypothese wird abgelehnt, eine Abhängigkeit der Fehlertypen von der Herstellfirma ist statistisch nachgewiesen.

12.8.5 $C_{korr} = \sqrt{\dfrac{\chi_*^2}{\chi_*^2 + n}}\sqrt{\dfrac{C^*}{C^*-1}} \Rightarrow 0{,}5 = \sqrt{\dfrac{\chi_*^2}{\chi_*^2 + 75}}\cdot\sqrt{\dfrac{3}{2}} \Rightarrow$

$\dfrac{1}{4} = \dfrac{\chi^2}{\chi^2 + 75}\cdot\dfrac{3}{2} \Rightarrow \chi^2 = 15;\ c_o = \chi^2(0{,}95;6) = 16{,}812 > \chi_*^2 = 15\,;$

H_0 wird nicht abgelehnt, d. h. die Abhängigkeit ist nicht signifikant.

12.8.6

	y_1		y_2		y_3		y_4		
x_1	15	225	60	0	40	100	35	25	
	-15	30	0	60	10	30	5	30	150
x_2	10	400	70	100	20	100	50	400	
	-20	30	10	60	-10	30	20	30	150
x_3	70	1600	60	0	10	400	10	400	
	40	30	0	60	-20	30	-20	30	150
x_4	5	25	10	100	30	400	5	25	
	-5	10	-10	20	20	10	-5	10	50
	100		200		100		100		500

$(4-1)(4-1) = 9$ Freiheitsgrade;

$c_o = \chi^2(0{,}95;9) = 16{,}919 < \chi_*^2 = \dfrac{225}{30} + \dfrac{400}{30} + \dfrac{1600}{30} + ...$

H_0 wird abgelehnt, d. h. die Merkmale sind abhängig.

12.8.7 Um die Bedingung $h_e \geq 5$ zu erfüllen, werden die Noten 1 und 2 zusammengefasst.

Note	WiWi		sonst. Stud.		
1 und 2	10	25	15	25	
	-5	15	5	10	25
3	20	25	5	25	
	5	15	-5	10	25
4	20	4	10	4	
	2	18	-2	12	30
5	10	4	10	4	
	-2	12	2	8	20
	60		40		100

$$\chi^2_* = \frac{25}{15} + \frac{25}{10} + \frac{25}{15} + \frac{25}{10} + \frac{4}{18} + \frac{4}{12} + \frac{4}{12} + \frac{4}{8} = 9,72;$$

$$c_o = \chi^2 = (0,95;3) = 7,815 < \chi^2_* = 9,72.$$

Die Nullhypothese wird abgelehnt. Die Merkmale sind abhängig.